男孩百科

优秀男孩 的 情商秘籍

彭凡 编著

做你自己情绪的主人

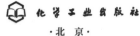

化学工业出版社

·北京·

前言

什么是情商?
它是一种无形的力量,
当你被负面情绪缠身时,
将你安全解救。

什么是情商?
它是一把心灵的钥匙,
让你透过别人的眼睛和嘴巴,
打开对方的心门。

什么是情商?
它也是一双友谊之手,
拉近你与他人之间的距离,
让你更受欢迎。

什么是情商?
它更是一支神奇的魔法棒,
让你变成更出色的自己,
拥有更精彩的未来。

手握情商指南，

丢掉焦虑、冲动、悲观的坏情绪；

细读情商对话，

了解表情、动作、语言的秘密。

巧用情商管理，

收获友善、宽容、尊重带来的好人缘；

突破情商终极训练，

塑造热情、自信、勇敢的完美性格。

男孩！

打开这本情商秘籍，

读懂这79个情商小故事，

终有一天，

你将成为天空中最闪亮的星星，

照亮他人的同时，

更照亮自己的明天！

目录

第一章　情商指南，首先学会掌控你自己

什么是"情商"	12
成绩不好≠没出息	14
左手智商，右手情商	16
你了解自己吗?	18
别人眼中的我	20
我的优点和缺点	22
别人的不足，我有吗?	24
认识我的负面情绪	26
我怎么老生气?	28
我好像有些焦虑	30
我太冲动吗?	32

愤怒的出口	34
我能忍住吗?	36
别再抱怨啦!	38
原谅自己	40
当悲伤来袭	42
甩掉悲观，拥抱乐观!	44
当失败让我沮丧	46
我的心关起来了吗?	48
我要坚持原则	50
我的自我管理手册	52

第二章　情商对话，你知道他在想什么吗？

你知道他在想什么吗？　　56
眼睛里的信息　　58
他的表情说明什么？　　60
语言透露他的性格　　62
透过服饰看性格　　64
美妙的倾听　　66
心情不一样，说话也不一样　　68
奇妙的肢体语言　　70
我说的话很无聊吗？　　72
我的玩笑过头了吗？　　74
他看起来很紧张　　76

他好像在说谎　　78
他又在吹牛了　　80
反话听得懂吗？　　82
委婉的"逐客令"　　84
站在别人的角度想一想　　86
我会安慰人吗？　　88
你的感受我能懂　　90
他好像需要帮助　　92

目录

第三章　情商管理，让你变成受欢迎的男孩

我的人缘怎么样？　　96
他为什么受欢迎？　　98
交朋友很难吗？　　100
"记得"很重要　　102
友善的力量　　104
懂得分享的男孩　　106
谁都需要被肯定　　108
宽容的力量　　110
幽默的神奇功效　　112
告别粗鲁　　114
好习惯感染他人　　116

好品格影响他人　　118
男生的义气　　120
请尊重他人　　122
我能明辨是非　　124
接纳他人，乐于合作　　126
如何不被拒绝？　　128
我们的关系有点紧张　　130
和女生做朋友　　132
谁都可以做朋友吗？　　134

第四章 情商终极训练，塑造完美男孩

我可以选择快乐　　　　　138

热情让我充满动力　　　　140

学会自我激励　　　　　　142

拥有实力很重要　　　　　144

别让自信过了头　　　　　146

克服嫉妒　　　　　　　　148

竞技场上的风度　　　　　150

我的报仇计划　　　　　　152

我有一颗强心脏　　　　　154

勇敢面对挫折　　　　　　156

请保持冷静　　　　　　　158

走出舒适圈　　　　　　　160

我能直面现实　　　　　　162

别害怕恐惧　　　　　　　164

你会说"不"吗？　　　　166

万事做好准备　　　　　　168

突破自我，挖掘潜力　　　170

开阔眼界，提升自己　　　172

男孩，请手握梦想！　　　174

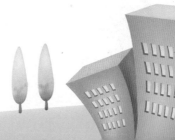

人物介绍

宋晓宇：

一个善良、单纯，没心眼，但容易情绪化，有点儿粗心，有点儿口无遮拦的男生。

路易：

一个性格开朗，乐于助人，超级受欢迎的阳光型男生。

许奕博：

成绩很好，但有些自负，不太顾及别人感受的男生，渴望得到大家的喜爱和认可，却常常被人拒之千里。

安浩晨：

性格很内敛，不怎么爱说话，但心思缜密，是一个善解人意的温暖型男生。

马东东：

班里的"淘气大王"，喜欢调皮捣蛋，但很幽默、有趣，是大家的开心果。

牛琳琳：

活泼可爱，却有点儿娇气，有点儿敏感的小公主。

田老师：

和蔼可亲的班主任，同学们眼中的大哥哥。

第一章

情商指南，首先学会掌控你自己

什么是"情商"

一大早，宋晓宇走进教室，发现朱琳琳正坐在座位上小声地哭泣。

"你怎么了？"宋晓宇关切地问。

"呜呜……我作业没做好，被老师批评了。"朱琳琳抽抽搭搭地说。

宋晓宇听后，毫不在意地挥挥手，说："这么点小事儿，有什么值得伤心的啊？你们女孩就是爱哭。"

听到宋晓宇的话，朱琳琳哭得更凶了："有你这么安慰人的吗？"

宋晓宇一头雾水："我说错了什么吗？"

宋晓宇明明是想要安慰朱琳琳，结果却说错话，反而帮了倒忙。其实，安慰人也是情商的一种表现呢。情商高的人，安慰别人时，能让人感到如沐春风；而情商低的人，安慰别人时，就像宋晓宇这样，让人忍不住皱起眉头。

那么情商到底是什么呢？

● 情商高主要有以下五种表现

● 能正确地认识自己。

● 自信但不自满，能乐观、积极地看待世界，遇到困难能自我激励。

● 心理承受能力很强，能够自我调节，妥善管理自己的情绪。

● 社交能力强，能很好地处理人际关系。

● 善于察言观色，善于站在别人的角度思考问题。

情商（EQ）是区别于智商（IQ）的一种能力，一种技巧。它看不见，摸不着，却影响着我们生活的方方面面。情商可以通过后天的培养和训练来提高。只要我们找到情商秘籍，就能让自己变得更完美哟！

成绩不好 ≠ 没出息

宋晓宇在班上有一个好朋友，名叫马东东。

马东东是个特别活泼的男孩，而且他特别好动，又爱劳动。几乎每节课开始前，他都会主动擦黑板，帮老师发作业，跑个腿什么的。可就是有一点，他的成绩不太好。

有一天上课前，马东东趴在课桌上闷闷不乐，突然不帮老师发作业了。

下课后，宋晓宇问他："马东东，你今天怎么不发作业了？"

"唉！"马东东叹了口气，回答道，"我爸说，我成绩这么差，就是干再多活，将来还是没出息。"

宋晓宇一时愣住，真不知该如何安慰他才好。

难道成绩差，将来就一定没出息吗？当然不是这样的。学习成绩对我们学生来说，肯定很重要，可它并不是我们人生的全部，我们将来是否有出息，也不是全由它来决定。

决定"出息"的重要因素有哪些？

- 拥有坚毅、责任心、勇敢等重要品格。
- 拥有良好的人际关系。
- 具备察言观色、洞悉人心的素质。
- 具备过硬的实力和学识。

如此看来，智商只占了其中很小的一部分。而情商，在我们的将来，将扮演越来越重要的角色，甚至决定我们一生的命运。

左手智商，右手情商

宋晓宇的班里有个特别聪明的男孩，名叫许奕博。每次考试，他都能名列年级前几名。瞧！这次考试，他居然考到了年级第一的好成绩。

同学们都围过来，一脸崇拜地赞叹道："许奕博，你好厉害呀！"

许奕博却耸耸肩，高傲地说："年级第一根本不算什么。以我的实力，将来考上美国哈佛大学都没问题。"

考上哈佛大学，这是个让人很敬佩的

远大理想。可是想要实现这个理想，光靠出色的成绩就够了吗？当然不是！不管是哈佛大学，还是其他高等院校，除了成绩之外，更注重的是学生的综合素质。也就是说，**情商与智商并进的学生，才能拥有更多的机会哟！**

而且，将来走进社会，离开了学校和父母的保护，面对复杂的人际关系，面对更多比自己厉害的人，面对一次次碰壁和失败，即使拥有再高的智商，也会茫然失措吧！这时候，我们就需要良好的情商来助航，才能一往无前地奔向成功。

 ## 智商和情商齐头并进

- 别只顾着学习，而放弃交朋友。
- 成绩优异固然重要，但优秀的品格更重要。
- 你可以很"笨"，但不可以放弃努力。
- 我们的目标是，做一个德智体美劳全面发展的男孩。

台灯下，宋晓宇正盯着作文本上的六个大字发愁。

"我眼中的自己"，这可怎么写呀？

"有了！"突然，宋晓宇灵机一动，想出一个好办法。只见他拿出一面镜子，对着镜子里的自己，左看看，右瞧瞧，沉思了片刻，然后便开始动笔了……

> 我今年10岁，身高140cm，体重35kg，我有着大大的眼睛、高高的鼻梁、厚厚的嘴巴，是一个不折不扣的大帅哥……

写完最后一个字，宋晓宇拿起自己的"杰作"，十分满意地笑了。

我们不难发现，宋晓宇眼中的自己，全都是表面上的。可是，对于自己的内在，他却一无所知呢！每个人都拥有两面，包括外在的一面和内在的一面。想要全面地认识自己，我们除了需要知道自己的年龄、身高、体重、外貌外，还应该了解自己的性格、习惯、爱好和理想。

男孩，你了解自己吗？花5分钟时间，填一填这几个"我是一个 ⬚⬚⬚⬚⬚⬚⬚⬚⬚⬚⬚ 的男生"吧！

例如：我是一个勇敢的男生，我是一个喜欢踢足球的男生……

我是一个 ⬚⬚⬚⬚⬚⬚⬚⬚ 的男生；

我是一个 ⬚⬚⬚⬚⬚⬚⬚⬚ 的男生；

我是一个 ⬚⬚⬚⬚⬚⬚⬚⬚ 的男生；

我是一个 ⬚⬚⬚⬚⬚⬚⬚⬚ 的男生；

我是一个 ⬚⬚⬚⬚⬚⬚⬚⬚ 的男生。

19

别人眼中的我

　　班会课上，田老师将同学们两两分成一组，让大家互相说一说"我眼中的你"。一时间，教室里炸开了锅，大家都热烈地讨论起来。

　　教室的一角，宋晓宇和路易分到了一组，我们来看看他俩怎么说吧！

宋晓宇成绩平平，他一直以为自己很笨呢！原来在路易眼中，他也有聪明的一面呀！

路易呢？他性格开朗，又乐于助人，是班上的"老好人"，所以，无论别人说什么，他都会不自觉地表示同意。如果不是宋晓宇提出来，他都不知道，原来自己最大的坏习惯就是爱说"随便"呢！

有时候，透过别人的眼睛，我们能看到一个完全不一样的自己，一个更真实的自己。这个自己，可能是你以前不曾觉察的，甚至忽略了的。当我们了解了别人眼中的自己，就能找出自己隐藏的缺点和潜在的优点，然后取长补短，慢慢修炼成更完美的自己啦！

在大家的眼中，你是一个怎样的男孩？赶快问一问大家，然后写下来吧！

在老师眼中，我是一个_____的男生；

在爸爸、妈妈眼中，我是一个_____的男生；

在好朋友眼中，我是一个_____的男生。

我的优点和缺点

"马东东虽然很调皮，但是对朋友很讲义气。"

"朱琳琳活泼又可爱，可是'公主病'很严重。"

"宋晓宇是个善良的男孩，就是不太会说话。"

安浩晨的观察能力特别强，他对班上的同学们的优缺点了如指掌。可是，当路易问道："那么你呢？"他却不知道该怎么回答了。

 你了解自己的优点和缺点吗？

优点:我很自信,很勤奋,也很有责任心。

缺点:我太平庸了,而且脾气不太好。

优点:我善于倾听,善解人意。

缺点:我胆子小,害怕当众发言。

优点:我很幽默,很仗义。

缺点:成绩不太好,有点儿调皮。

　　是啊！我们总能轻易地说出别人的优点和缺点,却很难坦然地说出自己的优缺点。世界上没有完美的人,每个人都有优点和缺点,只有大方承认自己的优点,坦然接受自己的缺点,才能扬长避短,成长为更完美的男孩。

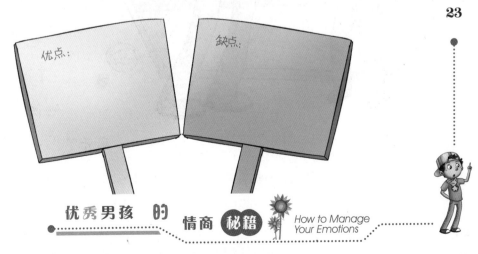

优点:

缺点:

别人的不足，我有吗？

"我刚刚听到王梓豪说你的坏话呢！"

十分钟前，宋晓宇不小心听到王梓豪在别人面前说路易的不是，他立马找到路易，打起了"小报告"。

经过宋晓宇一番添油加醋，路易气得直跺脚："亏我还把他当朋友，以后再也不和他玩了。"说完，他便气冲冲地离开了。

这时，一旁的安浩晨对宋晓宇说道："你不该对路易说那些话。"

宋晓宇耸耸肩，一副无所谓的样子，"我又没说错，王梓豪本来就喜欢在别人背后说人坏话。"

"可是，你这样做，跟他有什么区别呢？"安浩晨反问道。

顿时，宋晓宇哑口无言。是啊！现在的他，不也正是在王梓豪背后说他的坏话吗？

我们在批判别人的不足时，首先应该想一想，自己是不是也有同样的问题。不要一边指责别人的不是，一边放纵自己的过失。用同样的标准要求他人和自己，做一个坦荡荡的男子汉吧！

 当发现别人的不足时……

· 先问问自己，有没有同样的问题，有则改之，无则加勉。

· 请私下提醒对方，不要当着第三者指责对方的不是。对他人尊重，也是给自己留余地。

认识我的负面情绪

最近，宋晓宇不知怎么了，老是动不动就生气，前一秒还开开心心的，后一秒就嘟着嘴，一副气鼓鼓的样子，像是完全变了一个人似的。要知道，以前的宋晓宇，可是一个特别活泼开朗的男孩呀！

"宋晓宇该不会生病了吧！"马东东猜测道。

其实没那么严重啦！宋晓宇只是产生了一点负面情绪，如果能够找到根源，再好好调节一下，顺利赶跑它，很快就会没事，就又能变回从前那个开心快乐的宋晓宇了！

想要赶跑负面情绪，首先我们得认识它们。

让我们来认识一下身体里的负面情绪吧！

● 喜欢生闷气。

● 容易焦虑。

● 容易冲动。

● 动不动就发火。

● 爱发牢骚。

● 总是很悲观。

● 容易沮丧。

● 有点儿孤僻。

　　每一种负面情绪，都有相对应的破解密码。想要快速消除负面情绪，我们首先得清楚地了解自己产生的是哪一种负面情绪，然后对症下药，一举击破。

我怎么老生气？

现在的宋晓宇，成了一个特别爱生气的男孩：

踢足球时，队友没能把球传给他，他丢下队员们，生气地离开了足球场。

写作业时，课桌不小心被路过的同学碰了一下，他就骂骂咧咧道："走路没长眼睛呀？"

就连吃饭时，妈妈没有做他爱吃的红烧肉，他也丢下筷子，气鼓鼓地回房间了。

在同学们的眼里，宋晓宇简直就像一个爆竹，一点就炸。渐渐渐地，大家都不敢招惹他了，就连走路都离他远远的。可是，这样一来，宋晓宇的心情更糟了，生气的频率也越来越高。

总是处在生气的状态中，会让一个人的精神状态越来越差。如此一来，生活和学习都会受到影响，连好朋友们也离自己越来越远了。

这样下去可不行，我们赶快想想办法，帮宋晓宇摆脱爱生气的坏毛病吧！

 告别爱生气的我

- 遇到生气的事情时，请先深呼吸5秒钟，让自己平静下来。

- 生气前，对自己说："别生气""冷静一点""这不值得我生气"。

- 早睡早起，保证充足的睡眠，让自己每天拥有良好的状态。

- 每天多笑一笑，凡事想开点，心情好了，自然脾气就小了。

- 平时多出去走走看看，开阔自己的视野和心胸。

我好像有些焦虑

书桌前，许奕博正埋头，不停地写着什么。看他顶着一头乱发，满脸大汗，不知道的还以为他刚打完仗回来呢！

不过呀，他现在确实像在打仗，而且是和一道数学题，这一打就是一小时，到现在还没完呢！

当他算到第五遍时，他终于坐不住了。只见他"嗖"地一下从椅子跳起来，一把扯下写满解题步骤的草稿纸，狠狠地揉成一团，丢在了地上。

"唉！看来只好先做别的了。"

说着，许奕博拿出英语书，背起单词来。可奇怪的是，他的心老是静不下来，读了十分钟，一个单词也没记住。要知道，记单词可是许奕博的强项

啊，平时的他，十分钟记二十个单词不在话下。

"我这是怎么了？难道记忆力下降了？"许奕博瞬间慌了。

其实，他不是记忆力下降了，而是太焦虑了。当我们面对压力或困难时，如果精神过度紧张、不安、浮躁，就会产生焦虑的情绪。

 ## 焦虑状态下，我们会变成这样：

- ✦ 心情会变得很糟糕，会坐立不安，会莫名地烦躁。
- ✦ 感觉大脑快要失去控制，做什么都力不从心了。
- ✦ 会有点儿恐慌，害怕自己会一直焦虑下去。

 ## 焦虑，我要消灭你！

一件事老是做不好时，别太跟自己较劲，先停一停吧！

做几次深呼吸，对自己说"放轻松""别急""慢慢来"。

听听舒缓的音乐，做做简单的运动，看看窗外的风景，舒缓一下紧张不安的情绪吧！

平时要保证足够的睡眠，每天才能精神饱满，拥有好心情，焦虑就不会找上门啦！

我太冲动吗？

冲动，就像地雷，碰到任何东西都一同毁灭。

——［英］培根

"咦？我的钢笔呢？"

快要上课时，宋晓宇发现自己新买的钢笔不翼而飞了。他东看看，西找找，视线突然落到了刚走进教室的马东东身上。咦！那支钢笔此时不就在马东东的手上吗？

宋晓宇二话不说，冲上前去，指着马东东，愤愤地骂道："马东东，你这个小偷。"

"你说谁是小偷呢？"马东东气得头顶都快冒烟了。

宋晓宇指着马东东手里的钢

笔，义正词严地说："你偷了我的钢笔，不是小偷，是什么？"

马东东气得说不出话来，丢下钢笔，张牙舞爪，就要向宋晓宇扑过去……

这时，一旁的路易赶紧拦住马东东，转头对宋晓宇解释道：“宋晓宇，你误会了。钢笔是马东东在走廊捡到的，我可以证明。”

安浩晨也跑了过来，说道：“我也可以做证，刚刚他还问，是不是我的呢！”

听了大家的证词，宋晓宇羞愧地低下了头。唉！自己实在是太冲动了，事情还没弄清楚，就乱给别人扣帽子。

因为宋晓宇的一时冲动，差点儿引发一场大战，看来冲动果然是可怕的魔鬼呀！

遇到事情，我们应该先冷静下来，弄清楚事情的来龙去脉，再做出正确的判断。千万不要因为一时冲动，冤枉了他人，也伤害了友谊啊！

● 我要告别冲动！

- ●弄清事实。先把坏情绪丢一边，处理好已经发生的问题才是当务之急。
- ●千万不要恶言相向。任何时候也不要把脏话、粗话和侮辱人的话说出口。
- ●不要得理不饶人。即使你是对的，也不要咄咄逼人，不给别人留余地。

33

愤怒的出口

你是一个容易发怒的男孩吗？当你感到愤怒时，你能给愤怒的情绪找到一个合适的出口吗？让我们来做个小测试吧！

1. 你会经常因为一些小事发怒吗？ 是□ 不是□
2. 发怒时，你会大喊大叫，甚至摔东西吗？ 是□ 不是□
3. 你会把怒火转移到别人身上吗？ 是□ 不是□
4. 发怒后，愤怒的情绪久久不能平息吗？ 是□ 不是□
5. 很久以后，再次想起来，你还会感到愤愤不平吗？是□ 不是□

测试结果：如果你的答案大部分为"是"，说明你是一个易怒的男孩，而且不太善于处理自己愤怒的情绪。

愤怒的情绪来了，挡都挡不住，我们该怎么办呢？

当愤怒的情绪降临，我们既不能放任它不管，也不能强硬地压制它。放任的结果是，失去理智，做出一些冲动的举动，甚至酿成大错；而太过压抑自己呢，情绪得不到释放，只会让自己越来越抑郁，说不定还会憋出病来呢！

如此一来，给愤怒找一个合适的出口，就变得特别重要。

找 到 愤 怒 的 出 口

- 用运动发泄情绪。打打球、跑跑步，将愤怒通过汗液排出去。

- 有情绪别憋在心里，找亲近的朋友倾诉自己的烦恼。

- 选择一件自己喜欢做的事，投入其中，转移自己的注意力。

- 平时养成看书、听音乐、多出去走走的好习惯，陶冶自己的心性。

我能忍住吗？

下午第一堂课要听写单词，宋晓宇一个单词都还没记。趁着午休时间，他赶紧把英语书拿了出来。

宋晓宇刚翻开英语书，只听见身后传来马东东嘹亮的歌声，使他完全没办法静下心来。

无奈之下，他只好拿出耳机，将自己的耳朵堵住。

世界总算清净了。

可是，他刚准备记单词，马东东又"噌"地一下蹿到他前面，一边唱，还一边手舞足蹈起来。

好吧！

马东东，如果中午我不能记完这些单词，下午我就死定了。你能先出去玩一会儿吗？

宋晓宇咬咬牙，将身后的帽子往头上一扣，眼不见为净。

这下总可以安心记单词了吧！

万万没想到，马东东一个不小心，碰到了宋晓宇的课桌，课桌上装满水的杯子晃了晃，溅出一摊水，正好洒在了他的英语书上。

宋晓宇再也忍不住了，只见他从椅子上跳起来，拿起桌上的杯子，就要向马东东泼去……

糟糕！如果这杯水泼下去，免不了一场"世纪大战"又要爆发了！

可是，假如他能忍住脾气，好言相劝的话，结局又会是怎样呢？让我们来看看吧！

情商小课堂

忍耐，是不太容易做到的，可是它却能体现一个人的风度和气量。学会忍耐，是修炼情商中非常重要的一步。男孩，当你能忍住自己的脾气，收起自己的委屈，去体谅别人，宽容别人时，就说明你已经长大了。

别再抱怨啦！

刚下过雨的早晨，宋晓宇走在上学的路上。街道上到处是积水和污泥，将他的白球鞋染成了迷彩色，只听他嘟哝道："这该死的雨天。"

走进教室，坐到座位上，翻了翻今天的课程表，他又开始抱怨了："数学、语文、英语……难熬的一天又开始了。"

一天才刚刚开始，宋晓宇就已经抱怨个不停了。源源不断的负能量都快要把他给淹没了！

虽然，在短时间内，"抱怨"能让我们的不满情绪得到释放，可实际上，它解决不了任何事情，也不能让我们变得更好。抱怨只会让我们变得更消极，甚至丧失解决问题的能力。

 ## 男孩，请停止抱怨！

1.别抱怨环境

> 多多感受生活中美好的一面，去发现美、创造美。你会发现，即使是垃圾堆里，也能长出嫩绿的新芽。

2.别抱怨他人

> 每个人都有不足的一面，但也有优秀的一面。别老是揪着他人的小过失不撒手，多看他人的优点，感受他人的可爱之处。

3.别抱怨自己

> 挫折太强大，一时解决不了，就应该多学习，多锻炼自己，增强自己的能力。等有了实力，再来攻克它吧！

39

原谅自己

一大早，宋晓宇一走进教室，就一边敲自己的头，一边自责地说："我真没用，我真笨！"

路易关切地问道："发生什么事了？"

宋晓宇气呼呼地说："刚刚在公交车上，我把手机弄丢了。出门前，我妈还提醒我别把手机放在口袋里，可我偏不听！都怪我……"说着说着，宋晓宇更懊恼了。

路易听了，赶忙安慰他："这不是你的错，是那个小偷的错。手机已经丢了，你再自责也没用啊！"

"你说得倒轻松，又不是你丢了手机。"宋晓宇丢下这句话，然后耷拉着脑袋回到了自己的座位上。

手机已经丢了，不断地自责又有什么用呢？手机可没有心灵感应，你再懊恼、再难过，它也听不见，更不可能再回你身边呀！

聪明的男孩，不会坐在那里，为已经造成的损失难过，而会积极地找办法来弥补过失。

● 当自己犯错，或产生过失时，请这样做：

● 第一步：一切已经发生，勇敢地承认现实，接受现实。

● 第二步：告诉自己，世界上没有后悔药，后悔也没用。

● 第三步：别因此否定自己的全部，想想自己做得好的方面，给自己一些鼓励。

● 第四步：从自责和内疚中走出来，丢下包袱，轻装前进。

★ 注 意 啦 ★

学会原谅自己，不是给自己找"不承认犯错"的借口，更不是当作过错没有发生过，而是停止抱怨自己，冷静地分析过错，在错误中得到教训，争取下次不再犯类似的错误。

当悲伤来袭

宋晓宇有一个好朋友，名叫虎虎，是一只可爱的小狗。他们每天一起玩，一起睡。宋晓宇开心时，它会高兴地在他周围转来转去；宋晓宇不开心时，它会安静地待在他身边，陪他一起难过。

可是，不久前，虎虎过马路时，被飞速驶来的汽车给撞了，永远地离开了宋晓宇。

宋晓宇难过极了，他每天吃不下饭，睡不着觉，就连平时最爱玩的网络游戏，也没法让他提起精神。时间一天天过去，悲伤却没有因此减少，宋晓宇甚至觉得，失去了好朋友虎虎，他以后再也开心不起来了。

悲伤就像一张无形的网，它将我们与阳光隔离，让我们被无尽的黑暗包围，变得越来越消极，越来越绝望，最后再也没有办法振作起来了。

让我们一起来想想办法，帮帮宋晓宇，让他赶快从悲伤中走出来，变回从前那个开心、快乐的宋晓宇吧！

路易：谁说男孩就应该有泪不轻弹？放声哭一场，将悲伤的情绪释放掉，心情就会好很多。

朱琳琳：找最好的朋友倾诉倾诉，把憋在心里的话都说出来，就不会那么难受了。

安浩晨：转移自己的注意力，把精力放到别的事情上去。踢足球就是一个不错的主意。

甩掉悲观，拥抱乐观！

面对同一件事，路易和宋晓宇却有着截然不同的心态，路易总能看到事情好的一面，而宋晓宇却总是看到事情不好的一面。

在你看来，谁的心态更让人舒心，更能起到好的作用呢？当然是右边的路易啦!

要知道，心态决定心情，而心情又直接影响做事的效率，好的心情有利于事半功倍，而坏的心情往往事倍功半。高情商的男孩都拥有乐观的心态，这是他们获得成功的重要法宝。

如何甩掉悲观，拥抱乐观？

- 培养广泛的爱好，收集来自各方面的快乐源。参加体育活动、夏令营、话剧班，让自己的生活变得丰富多彩起来。
- 和乐观的同学交朋友。经常和乐观的同学待在一起，就能在不知不觉中被他的热情和开朗感染，慢慢变得越来越乐观。
- 德智体美劳全面发展，充实自己的内心。一个内心丰富的男孩，往往更容易拥有积极乐观的心态。

当失败让我沮丧

一个星期前，许奕博参加了市里举办的小学生数学竞赛。数学一直是许奕博的强项，他原本信心满满，结果却出人意料，连一个优秀奖都没拿到。

一向心高气傲的许奕博，此刻像泄了气的皮球，做什么都提不起劲儿了。

王梓豪邀他去图书馆看书，他无精打采地说："看那么多书有什么用？又成不了大作家。"

宋晓宇向他请教数学题，他唉声叹气道："唉！我现在看见数学题就烦，你还是去问别的同学吧！"

因为一次失败，许奕博简直就像变了个人，那个自信的他跑哪儿去了？

像许奕博这样，越是自信的男孩，在遭受失败的打击时，越容易陷入沮丧的情绪，甚至在很短时间里变得特别自卑。

其实失败没那么可怕，它只是成长中的一个小挫折。别因为一次的失败就否定自己，赶快赶跑沮丧的情绪，让自己振作起来，去迎接新的挑战吧！

 ## 如何赶跑沮丧的情绪？

第一步：不断给自己这样的心理暗示："没关系""我尽力了""下次努力"。

第二步：出去走走、看看，和朋友们打打球、玩玩游戏，把不快乐的事先放一放。

第三步：等心情平复后，正视问题，找到失败的原因，然后重点对待它，攻克它。

第四步：给自己设定一个比较容易实现的新目标，重拾信心。

47

我的心·关起来了吗？

下课了，同学们围坐在一起，聊天的聊天、玩游戏的玩游戏，只有安浩晨一人，安安静静地坐在角落里，什么话题也不参与、什么游戏也不参加。

同学们知道安浩晨有点儿内向，有点儿被动，于是都主动去找他玩。

宋晓宇和马东东跑过来，拉他去踢球，他不好意思地摆摆手，道："我不太会踢，你们去吧！"

路易走到他跟前，邀他参与同学们的聊天，他却一脸为难地拒绝道："你们聊吧！我想看会儿书。"

唉！大家都愿意和安浩晨做朋友，可是他自己却把心关了起来！

外面的世界如此精彩，如果我们把心关起来，岂不是会错过很多美好的人和事？别胆怯，别退缩，勇敢敞开心扉，去接纳他人的善意，接受朋友们的盛情邀请吧！

内向的男孩，请把心敞开！

· 积极参与同学们的聊天。哪怕一开始只是在一旁听着，偶尔搭一两句话，也能收获快乐和存在感哟！

· 加入踢足球、打篮球等活动。即使不怎么会，也没关系，我们又不是参加比赛，怕什么？

· 多多接触乐观开朗的同学，吸收他们的阳光正能量，让自己在他们的影响下，渐渐活泼开朗起来。

我要坚持原则

　　最近，宋晓宇迷上了电脑游戏，为了控制自己玩游戏的时间，他在房间的墙上贴了一张警示条——"每天玩游戏时间绝对不超过一个小时"。

　　前三天，宋晓宇还能谨遵警示条，每次玩游戏不到一个小时，他就老老实实将电脑关掉。

可是到了第四天，一个小时的时间快到了，游戏还没有结束，他实在舍不得退出，就对自己说："玩完这一局就退出，稍微推迟一点没关系。"

第五天，他又将时间延迟到一个半小时。

第六天，他干脆把警示条抛在了脑后，肆无忌惮地玩了起来。

宋晓宇呀宋晓宇，自己制定的原则，就这样轻而易举地被自己打破了。如果我们连这样一个小小的原则都坚持不了，又如何在大原则面前，坚定信念、不动摇呢？

一个没有原则的男孩，就像一艘没有罗盘和舵的轮船，风往哪里吹，他便往哪儿驶，这样左飘飘，右荡荡，何时才能驶向成功的彼岸呢？

 做个有原则的男孩！

● 自己定好的原则，别轻易打破。

● 答应了他人的事，就一定说到做到。

● 拥有正确的道德观和价值观。

● 绝不做违反校纪校规，甚至违法的事。

51

我的自我管理手册

中午，宋晓宇准备邀路易去打球，却发现他坐在课桌前，正认真地写着什么。

宋晓宇凑过去一看，在笔记本的第一行，路易正一笔一画地写下八个大字——我的自我管理手册。

"你写这个干吗？"宋晓宇好奇地问。

路易不好意思地笑了笑，回答道："我的自理能力有点儿差，写这个可以时刻提醒一下自己。"

"可是，这个有用吗？"宋晓宇接着问。

路易一脸肯定地回答道："比起别人的监督和提醒，自己提醒自己，作用更大呢！"

是啊！别人的监督和提醒，有时候会让我们产生一些抵触情绪，如果自己能够提醒自己，化被动为主动，就能更有效地起到提醒和监督的作用啦。

最重要的是，世界上最了解你的人，肯定是你自己。哪里需要提醒，哪里需要改进，只有你自己最清楚。所以，只有你，才是自己最合适的管理者。

我的自我管理手册

　　1.管好我的身体——早睡早起，坚持锻炼，合理饮食。

　　2.管好我的时间——节约时间，合理规划学习、休息、玩耍的时间。

　　3.管好我的零花钱——不乱花钱，合理安排自己的零用钱。

　　4.管好我的情绪——和负面情绪划清界限，做一个积极乐观的男孩。

男孩，针对你自己的性格和习惯，制订一份专属自己的自我管理手册吧！

这就是我的自我管理手册。

53

第二章

情商对话，你知道他在想什么吗？

你知道他在想什么吗？

刚打完球、满头大汗、不停地吐舌头、四处张望，嗯！一定是口渴了！

午休时间，宋晓宇刚打完球，气喘吁吁地回到教室，像一摊泥一样瘫在椅子上，就看见安浩晨拿着一瓶水走了过来。

"给！"安浩晨将水递给宋晓宇。

宋晓宇接过水，咕噜咕噜连喝好几大口，等气喘匀了，这才满眼感激地对安浩晨说："我都快渴死了，你这水来得太及时了。不过……"宋晓宇摆出一张好奇脸，接着说道："我什么都没说，你怎么知道我想喝水？"

安浩晨先是一愣，然

后神秘地笑了笑，回答道："因为，我会读心术，我知道你在想什么呀！"

平时总是默默不语的安浩晨原来这么厉害呀！宋晓宇瞬间对他充满了崇拜之意。

莫非安浩晨真会读心术？当然不是啦！他之所以知道宋晓宇在想什么，是因为他有一双善于观察的眼睛。他知道宋晓宇刚打完球，又看到他满头大汗，不停地吐舌头，坐下后眼神四处张望，于是推断出他一定是口渴了，在找水喝，于是他就贴心地递上了一瓶水。

如果我们能像安浩晨一样，善于察言观色，能够及时了解别人在想什么，有什么需求，就能成为别人眼中善解人意的男孩啦！

如何在短时间内了解对方在想什么？

- 看看对方的眼神里透露着什么信息。
- 看看对方的表情说明了什么。
- 听听对方说话的语气怎么样。

眼睛里的信息

"路易，我们去踢球吧！"

刚一下课，宋晓宇又闲不住了。

可是，路易却摇摇头，没精打采地说："你去吧！我不去了。"

"去吧！去吧！天气这么好，干吗老窝在教室里呀？"宋晓宇不停地摇晃着路易的胳膊，看来是不达目的誓不罢休啊！

这时，安浩晨走了过来，将宋晓宇拉到一边，小声说道："他看起来有点儿累，我们还是别打扰他了吧！"

"啊？"宋晓宇摸摸脑袋，一脸不解，"他心情不好吗？我怎么没看出来？"

"你看他，"安浩晨指了指不远处耷拉着脑袋的路易，耐心分析道，"他的眼睛肿肿的，而且两眼无神，很没精神，一定是昨晚没睡好。"

"哦——"宋晓宇瞬间恍然大悟。

原来人的双眼能够透露这么多信息呀！真是太神奇了。

不仅如此！他是不是生气了？他是不是很开心？他是不是有点儿紧张？都能透过眼神看出来！如果我们能准确地掌握所有的眼神信息，那么即使对方不说话，我们也能一眼看破对方哟！

这些眼神都透露什么信息？

1.开心的眼神

2.生气的眼神

3.悲伤的眼神

4.疲惫的眼神

你来猜一猜，以下眼神透露着什么信息？

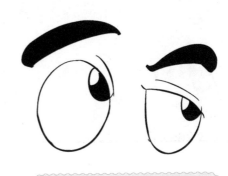

优秀男孩 的 情商 秘籍

How to Manage
Your Emotions

他的表情说明什么？

透过同学们的表情，安浩晨瞬间就能猜出他们的心情，是不是很厉害？

其实，如果我们仔细观察，就不难发现，一般情况下，一个人的心情怎么样，通常会透过面部表情表现出来。他很开心，就会扬起嘴角；他生气了，就会皱眉；他有点儿难过，就会吸吸鼻子……除了眼神，通过表情的观察，我们也能轻易地看穿对方的内心哟！

不过，像语言一样，表情也是会说谎的。有时候，对方为了不让你看穿他，会做出一些不太真实的表情，来掩饰自己的内心。那些假的表情，你能分辨出来吗？

注意，表情也会说谎哟！

- 嘴角虽然上扬，眼神却没什么精神，有可能他不是真的很开心。
- 真正吃惊的表情转瞬即逝，超过3秒钟就有可能是假装的呢！
- 表情很镇定，呼吸却很急促，说明他有可能在假装很镇定。
- 一直不停地笑，眼神却很闪烁，他有可能很尴尬，或者在逃避什么。

语言透露他的性格

从图书馆出来，宋晓宇和安浩晨去商店买水喝。

买完水，走出商店，宋晓宇数了数找来的零钱，发现老板少找了5元钱。

"一定是老板不小心找错了，你赶快回去跟老板说说，把钱要回来吧！"安浩晨建议道。

"可是……"宋晓宇有些犹豫，迟迟迈不动步子，"那个老板看起来很凶，他万一不给我，怎么办？"

"不会的啦！"安浩晨笑了笑，拍拍宋晓宇的肩膀，宽慰道，"刚刚在商店，我看见他帮一个老奶奶挑东西，说话时又耐心又和气，他一定是个和善的大叔。你就放心吧！"

听了安浩晨的话，宋晓宇这才放心大胆地折回了商店。果然，不到一分钟，他便拿着钱开开心

心地出来了。

长得很威猛的人，就一定很凶吗？让我们像安浩晨一样，了解对方为人处事的方式，也许就会改变这种偏见哟！

有时候，我们不应该单单只看一个人的长相，就草率地判断他是一个怎样的人。我们还可以听听他说话的方式、语气，甚至语速，来判断他的性格哟！

 语言透露的性格

——说话温柔、语速平缓的人，往往性格柔弱，比较宽厚温润。

——说话总是很小声，不太敢表达，说明他可能是个很内向的人。

——说话嗓门很大，有点儿口无遮拦的人，说明他的性格有点儿大大咧咧。

——说话语速很快、言辞激烈的人，性格应该很急躁，可能容易冲动。

透过服饰看性格

宋晓宇发现，平时不穿校服的时候，身边的每个朋友的穿衣风格都不一样呢！

路易喜欢穿简单的T恤。

安浩晨喜欢穿干净的白衬衫。

许奕博则偏爱深色的衣服。

而马东东呢？好像没什么规律，什么样的衣服都随便穿。

为什么每个人的穿衣风格却都大不相同呢？这是因为，每个人的性格不同，便会产生对颜色、款式、搭配的不同偏好。

所以，想要了解一个人的性格，有时候我们可以从他的服装着手哟！

你的服饰颜色暴露了你的性格!

1.喜欢鲜艳颜色衣服的人,应该很活泼。

2.喜欢深色衣服的人,为人比较沉稳。

3.喜欢浅色衣服的人,应该是干净、斯文的人。

除了衣服的颜色,穿衣习惯也能看出性格哟!接下来,让我们来做个小测试吧!

*你的穿衣习惯是什么?

A. 精心搭配　　B. 爸爸妈妈决定

C. 只图方便　　D. 追求时尚

A.你很注重个人形象,是个自尊心很强的人。

B.你习惯听从他人的安排,自理能力可能不太强哟!

C.你的穿衣风格很随意,应该是个大大咧咧的男孩。

D.你喜欢穿得很新潮,肯定是个敢想敢做,思维很跳跃的男孩。

65

美妙的倾听

上帝给人们两只耳朵、一张嘴，其实就是要我们多听少说。

——西方谚语

课间，同学们围在一起聊天，安浩晨总是发言最少的那一个。可奇怪的是，大家居然都喜欢和他聊天。

原来呀，聊天时，安浩晨虽然不怎么说话，但是他会认真地听对方说，从来不会走神，更不会没礼貌地打断。而且，时不时地，他也会说一说自己的看法，虽然话语不多，但每句话都很中肯，让人听了很舒心。

比起那些一聊天就像机关枪一样，没完没了说个不停，却不肯给别人开口机会的人，还是像安浩晨这样懂得倾听的人更受欢迎呢！

善于倾听，不仅让你更受欢迎，还让你的耳朵接收到更多的信息，也让你有更充足的时间用来观察和思考。如此一来，你岂不是拥有了更多了解他人的机会？

记住：表达，能让别人了解你；而倾听，则让你更了解别人。

倾听别人讲话，请这样做：

- ♥ 注视着说话的人，不要东张西望。
- ♥ 单独听对方说话，身子可以微微向前倾。
- ♥ 保持自然的微笑，时不时地回应对方的话。
- ♥ 不要粗鲁地打断对方，让他把话说完。

在倾听的过程中，你会感受到对方越来越信任你，而且，因为听得多，说得少，你会发现自己越来越了解对方哟！

心情不一样，说话也不一样

马东东真奇怪，上午还高高兴兴地夸宋晓宇的新鞋很帅，下午再问他时，却完全变了一种说法。宋晓宇心想：马东东可真是善变呀！

其实，事情是这样的：

68

上午，马东东在学校公告栏的"成绩百名榜"上看到了自己的名字，这是他第一次上榜，所以心情特别好，说起话来也透着高兴劲儿。

可是到了下午，马东东从其他同学口中得知，隔壁班也有一个叫马东东的同学，上百名榜的是他，不是自己。于是，马东东的心情瞬间跌到了谷底，说起话来自然很"冲"，宋晓宇这个时候招惹他，真是往枪口上撞呀！

人在心情好的时候，常常会说积极的话；而心情不好时，消极的话就会不自觉地跑出来。所以，看一个人心情好不好，听他说话的语气就知道啦！

听他说的话，了解他的心情：

——好了啦！我知道了啦！

此时的他一定很烦躁，千万别再一直说教，或问他问题了，再说下去，他可能会发火！

——好哇！没问题！

这时候，他的心情一定不错，和他聊天一定能收获好心情。

——唉！没什么！

他的心情看上去很糟糕，他可能想要一个人静一静，还是先不要打扰他吧。

语言可真是奇妙呀！你也来试一试，挑几个身边的人，听一听他们说话的语气，揣测一下他们当时的心情吧！

奇妙的肢体语言

数学课上，田老师在讲台上讲课，不知是哪个同学在下面发出窸窸窣窣的声音。

这时，田老师突然停了下来，把书合上，一脸平静地对同学们说道："刚刚谁在说话，站起来。"

教室里一片肃静，谁也不敢吱声。

过了好一会儿，依然没有人站出来。只见田老师放下书本，将左手搁在讲台上，用食指指尖不停地轻叩讲台。

咚、咚、咚……

"快站起来吧！田老师要发火了。"安浩晨小声提醒一旁的宋晓宇。

宋晓宇一听，赶紧从座位上跳了起来，低着头，举手道："田老师，对不起，刚刚是我发出的声音。"

见宋晓宇主动承认了错误，田老师便叫他坐

下，继续讲起课来。

嗯！差点儿就出大事了，要知道田老师发起火来，可是很可怕的。

但安浩晨怎么知道在那一刻，田老师要发火了呢？原来，安浩晨早就观察到，田老师每次要发火前，都会不自觉地用手指敲击讲台呢！

仔细观察他人的肢体动作，就能知道他是否生气了，是否喜欢你，是否在撒谎，是否很紧张。语言会撒谎，表情也会撒谎，身体却很难撒谎，手势、站姿和身体姿势都能反映一个人最真实的内心呢！

快来变身小小侦探，一起来探索肢体语言的奥秘吧！

· 很喜欢一个人时，身体会情不自禁地向他倾斜。
· 讨厌一个人时，身体则会不自觉地与他保持距离。
· 烦躁焦虑时，人会坐立不安。
· 吃惊时，会双手捧住嘴巴。
· 对一件事很感兴趣时，会偏着脑袋，一脸专注。
· 对一件事没有把握时，会不停地挠头。
· 没安全感时，会双手抱在胸前。

71

"你知道吗？今天早上我吃了好大一碗面。我以前不爱吃面，可是这家面馆的面实在是太好吃了……"

宋晓宇说得正起劲呢，马东东却突然打起了哈欠。

于是，宋晓宇忽闪着天真的大眼睛，问道："马东东，你昨晚没睡好吗？大白天的，居然想睡觉？"

马东东一时不知该如何回答宋晓宇，只得张着打哈欠的大嘴，愣在了那儿。

马东东哪里是想睡觉呀，他只是被宋晓宇说的话给催眠了。

宋晓宇说话还有催眠的作用？这也太神奇了吧！可不是，如果一个人说的话太无聊，听的人就会提不起精神来，听着听着就会犯困呢！

当我们在聊天时，如果对方出现眼睛东张西望、笑容勉强、答非所问的情况，甚至不停地打哈欠，我们就得赶紧警觉起来，是不是我们说的话太无聊了？这个时候，我们应该怎么做呢？

 ## 挽救"无聊的聊天"大作战

1.果断结束无聊的话题

这个话题对方可能并不感兴趣，就别再硬撑着讲下去了。无聊的话题说得越多，只会让对方越来越不在状态。

2.自我调侃，化解尴尬

"真是太无聊了，我自己都听不下去了。"用玩笑的语气，把对方没能说出口的话，自己说出来，出其不意，缓解尴尬的气氛。

3.转移话题

结束一个话题后，赶快用一个新话题填补吧！可以用询问式的语句再次开场，试探一下对方是否对这个新话题感兴趣！比如，"昨天的篮球比赛你看了吗？"

我的玩笑过头了吗？

星期一的早上，朱琳琳穿着一条漂亮的蓬蓬裙来到教室，女生们见了，都忍不住夸赞起来：

"这条裙子好漂亮呀！"

"我也好想要一条这样的裙子呀！"

"穿上简直像公主一样。"

听到这些话，朱琳琳乐开了花。

突然，一旁的宋晓宇冷不丁冒出一句："朱琳琳好像一棵圣诞树啊！"

朱琳琳满脸涨红，气鼓鼓地看着宋晓宇，没说话。

宋晓宇居然没发觉朱琳琳情绪上的变化，继续一边打量她，一边说道："如果从上面看，更像一个奶油蛋糕；从旁边看呢，又像一支蛋筒冰激凌……"

没等宋晓宇说完，朱琳琳就气呼呼地跑出了教室。

"她怎么了？我只不过开个玩笑而已。"看着朱琳琳离开的背影，宋晓宇有点儿不知所措。

开玩笑没关系，可千万别让玩笑过了头，过了头的玩笑就不再是玩笑，而是一种伤害了。当我们在开玩笑时，如果发现对方的脸色突然发生变化，由晴转阴，说明你有可能踩到了对方的"地雷"，那么，这时候请赶快停止开玩笑吧！

● **注意，开玩笑也分人哟！**

1.性格大大咧咧的人，不太在意开玩笑。

2.性格比较敏感、细腻的人，一般不太喜欢过分的玩笑。

3.关系比较亲密的人，可能不太介意玩笑话。

4.没那么熟的人，有可能听不出你是否在开玩笑。

5.不管对方是谁，都不能把侮辱人格的话当成开玩笑。

75

他看起来很紧张

他的表情很严肃，眼睛看来看去，总是坐立不安，手指也不停地动来动去，这些都是紧张的表现。

学校的礼堂里，"青少年才艺大赛"正在如火如荼地进行着。

钢琴表演者王梓豪正在后台做准备，下一个节目就要轮到他上场了。好朋友路易和安浩晨来给他加油打气，只见他在后台走来走去，还不停地透过幕布的缝隙观望台前的情况。

"他看起来很紧张。"安浩晨小声对路易说。

路易挠挠头，一脸疑惑："不会吧！他都参加过好多次比赛了，怎么可能紧张？"

安浩晨是如何看出王梓豪很紧张的呢？其实这一点儿也不难。

当朋友感到紧张时，我们应该怎么做，才能让他快速消除紧张呢？

路易：我会鼓励他，告诉他他一定能行，让他重新树立自信心。有了信心，他就不会那么紧张了。

宋晓宇：和他开开玩笑，说点别的开心的事，缓解紧张的情绪。

安浩晨：旁人过多的打扰可能会让他更紧张哟！当他需要静下心来时，我们就别打扰他了，在他需要的时候再出现吧！

他好像在说谎

"马东东，你的家庭作业呢？"

许奕博正在收作业，到了马东东这儿，他的课桌上却是空空的。

面对许奕博的询问，马东东支支吾吾地回答道："我……我的作业落家里了。你……你先别告诉老师，我明天拿过来。"

"真的吗？"许奕博问道。

"真的！"面对许奕博的问话，马东东瞪大了眼睛，努力解释道，"就是，我昨天收拾书包的时候，把作业本落在书桌上了……"

可是，马东东话还没说完，就被精明的许奕博打断了：

"马东东，你别撒谎了，我知道你没做。"

真奇怪，许奕博是如何知道马东东在撒谎的呢？

 ## 人在说谎的时候，会这样……

故意看着对方的眼睛，让对方相信自己。

短时间内不断重复说过的话。

面对提问，会出现短暂的失措。

会露出不自然的微笑。

简短的语言能说明的，却要用大段大段的话去补充。

 ## 面对撒谎的人，高情商的男孩会怎么做呢？

不会当面无情地拆穿对方的谎言。

会先弄清楚撒谎的原因，再决定怎么做。

如果是善意的谎言，会理解对方。

如果是习惯性撒谎，或恶意的谎言，会善意地提醒对方。

他又在吹牛了

体育课上，老师让同学们进行跳高训练。

路易说："我助跑的话，能跳1.5米。"

马东东跳出来，一脸不屑地说："才1.5米啊！我定点跳都能跳1.7米呢！"

一旁的宋晓宇心想：马东东身高才1.4米，怎么可能定点跳1.7米？他一定是在吹牛。

下课了，大家围在一起聊天。

宋晓宇说："我可是大胃王，一口气能吃三个汉堡包。"

马东东又跳出来，不甘示弱地说："那算什么？我一顿能把麦当劳的汉堡包全吃光呢！"

宋晓宇又在心里嘀咕起来，马东东的胃得多大啊，能把麦当劳的汉堡包全吃光！他呀，不用猜也知道，又在吹牛了！

在宋晓宇的眼中，马东东是一个"吹牛大王"，他说话总是不着边际，爱把自己吹嘘得特别厉害。每次马东东吹牛的时候，宋晓宇特别想拆穿他。可是，他转念一想，马东东是他的好朋友，他这样做合适吗？

面对爱吹牛的人，你是不是也会有这样的困扰呢？接下来，我们就来看看高情商的男孩是怎么做的。

面对爱吹牛的人，高情商的男孩会怎么做呢?

1.不会当面揭穿他

爱吹牛的人，通常虚荣心很强。如果我们当面揭穿他，只会让他很难堪，伤害到他的自尊心，所以高情商的男孩不会这么做。

2.转移注意力，欣赏他的优点

人无完人，爱吹牛是他的小缺点，可是他还有很多优点啊！多想想他身上的优点，说不定他是个助人为乐的人，是个很讲义气的人呢！

3.实在受不了，远离他就好了

我们没办法改变别人，但可以改变自己。在不伤害对方的前提下，找个委婉的理由离开现场，也是不错的选择。

81

反话听得懂吗？

星期天的下午，妈妈准备带宋晓宇去商场买衣服，可是此时的宋晓宇玩电脑正上瘾，所以妈妈喊他走的时候，宋晓宇的屁股像是长在了椅子上，怎么也不愿意从椅子上起来。

"晓宇，别玩了，该走了！"

"马上，马上！"宋晓宇嘴上喊着"马上"，手却在键盘上不停地敲来敲去。

妈妈走到门口，大喊道："你再不起身，就别去了……"

过了几秒钟，房间里传来宋晓宇愉快的声音："那妈妈慢走，妈妈再见！"站在门口的妈妈简直哭笑不得。

妈妈对宋晓宇说"别去了"，难道是真的不让他去了吗？当然不是，这其实是妈妈说的反话，话里的意思其实是"赶快关掉电脑起身"。

我们在日常生活中，也会听到很多反话，比如"看你干的好事""我真是服了你了""我再也不理你了"。如果我们按照字面的意思理解，很可能会闹出大笑话，或者惹出大误会。听懂反话，也是情商修炼非常重要的一步哟！

 ## 这些反话，你听得懂吗？

1. 批评的反话

比如"看你干的好事""我真是服了你了"，并不是夸奖，而是一种批评词，意思是"你做了坏事""你让我很头痛"。

> 听到这样的话时，赶快反省反省，自己是不是做错了什么事，改正过来吧！

2. 生气时的反话

比如"你再不来，我就走了""我再也不理你了"，并不是真的要走，也不是真的不理，对方只是在发出"我现在生气了"的信号。

> 听到这样的话，第一要务当然是想个好办法，浇灭对方的火气啦！

3. 讥讽的反话

"你最棒，行了吧！""你可真瘦，腰都没了"，你可千万别以为这是赞赏的话，对方是在讽刺你呢！

> 玩笑的讥讽，别计较；恶意的讥讽，别理睬。

委婉的"逐客令"

又是一个周末，宋晓宇到好朋友路易家做客。两人一起在房间里玩游戏。宋晓宇一玩游戏就忘记时间的毛病又犯了，眼看着天都要黑了，他也没有起身的意思。

这时，路易妈妈走进房间，露出亲切的微笑，对宋晓宇说："天色不早了，你妈妈该担心了吧！"

宋晓宇一边卖力地按着游戏遥控器，一边笑呵呵地回答道："阿姨，没事，我胆子大，我妈不会担心的。"

路易妈妈一时无语，真不知该说什么好。

84

唉！宋晓宇又没听懂"话里的话"，路易妈妈这是在下达委婉的"逐客令"呢！

有时候，我们去别人家做客，也会遇到类似的情况，时间太晚了，主人临时有事，可是又不好直截了当地让对方离开，只好委婉地找一些合理的理由，希望对方能够心领神会，主动告辞。如果我们像宋晓宇一样，听不懂主人话的意思，双方得多尴尬呀！

这些委婉的"逐客令"你能明白吗？

- 对方说出类似"时间不早了"的话，或者不停地看时间。
- 对方不停地打哈欠，表示自己很困了。
- 开始说一些担心你会有什么不便的话，比如"太晚了，路上很危险"。

当你听懂了主人委婉的"逐客令"时，应该表示谅解，然后礼貌地答谢主人的招待，起身告辞。千万不要因此心生抱怨，能够体谅他人的不便，才是小绅士的作风。

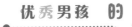

站在别人的角度想一想

吃完晚饭，妈妈将一袋垃圾交给宋晓宇，让他丢到楼下的垃圾站。宋晓宇爽快地答应了，然后提着垃圾袋，一蹦一跳地出门了。

走到电梯口，宋晓宇刚准备坐电梯下楼，就看见保洁阿姨推着空垃圾箱从电梯里走了出来。

宋晓宇心想：正好！我可以不用下楼了。

于是，宋晓宇麻利地将手中的垃圾袋丢进了垃圾箱，然后高高兴兴地回了家。

妈妈见宋晓宇不到5分钟就回来了，觉得很奇怪，就问道："你怎么这么快就回来了？"

宋晓宇原原本本地将经过告诉妈妈，等着妈妈夸他聪明呢！没想到，妈妈一脸严肃地说道："保洁阿姨刚刚清理完整栋楼的楼道垃圾，已经很辛苦了，现在还要单独清理你的垃圾。你不能为了图自己方便，就给别人找麻烦呀。"

听了妈妈的话，宋晓宇惭愧极了。

是啊！我们做什么事情，都不能为了贪图自己方便，而给别人带来不必要的麻烦，遇事应该多站在别人的角度想一想。

生活中，我们应该学着换位思考，多想想别人，学会尊重他人，理解他人，关爱他人，帮助他人。在这个过程中，我们会收获他人的理解，也会收获更多的幸福和快乐。

优秀男孩 的 情商 秘籍 How to Manage Your Emotions

我会安慰人吗？

在一次运动会上，宋晓宇参加了4×100米男子短跑接力赛。作为班上的短跑健将，宋晓宇被安排到最后一棒。

比赛开始后，宋晓宇所在的队一直处于领先位置，可是到了最后一棒，宋晓宇因为一时紧张，导致接棒时接力棒脱手。因为这一个小小的失误，他们队错失了夺冠的机会。

事后，宋晓宇非常自责，不停地责怪自己。

作为队友的马东东跑来安慰他。可是马东东不安慰还好，他这一安慰，宋晓宇反而更不高兴了。这究竟是怎么回事呢？让我们来看一看吧！

马东东可真不会安慰人呀！谁听到以上"安慰"的话，想必都高兴不起来吧！要知道，安慰别人，可是一门很深的学问。安慰的方式对了，能起到安慰人的作用；方式要是错了，往往会适得其反，让对方的心情更糟呢！

如何安慰别人？

1. 开口之前，先认真听对方倾诉。

2. 对症下药。

（对容易自卑的人，要多说包容和理解的话；对比较自信的人，要多说鼓励的话。）

3. 用同理心去关心对方，试着理解对方的感受。

4. 如果无法安慰对方，安静地陪在他身边，也能起到安慰的作用哟！

你的感受我能懂

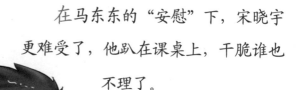

在马东东的"安慰"下，宋晓宇更难受了，他趴在课桌上，干脆谁也不理了。

"宋晓宇，别难过了，咱们下次再赢回来。"这时，路易也走过来安慰他。

"你不懂！"宋晓宇丢下这一句，然后把脸转向了另一边。

"谁说我不懂，"路易依然不放弃，继续说道，"有一次，因为我一个人忘记穿校服，害得咱们班没有拿到流动小红旗。当时我也和你现在一样，很自责，又怕大家会怪我，心里别提多难受了。"

宋晓宇慢慢抬起头来，终于挤出了一丝笑容，说："这么说来，我们俩还真是同病相怜啊！"

见宋晓宇情绪有所缓和，路易接着说道："事情已经发生了，再难过也没用，我们唯一能做的，就是下一次再把自己丢掉的荣誉赢回来。"

"嗯！你说得没错！"说完，宋晓宇的眼睛里又重新放出了光芒。

为什么马东东的安慰没作用，路易的一席话却让宋晓宇重新振作起来了呢？这其中一个很重要的原因是，路易懂得宋晓宇的感受。

人都是独立的个体，每个人的想法和感受都不一样，因此，能够了解他人的感受，并让对方体会到你的感同身受，是一种特别可贵的能力。

当别人遇到困扰或问题，我们如果巧妙地利用这种能力，就能轻易地走进别人的内心，让对方敞开心扉，把我们当成最信任的伙伴，这样就能最大程度地帮到对方啦！

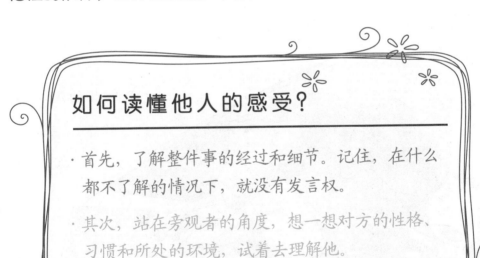

如何读懂他人的感受？

· 首先，了解整件事的经过和细节。记住，在什么都不了解的情况下，就没有发言权。

· 其次，站在旁观者的角度，想一想对方的性格、习惯和所处的环境，试着去理解他。

· 最后，把对方换成自己，想一想，如果我遇到这件事，会怎么样？

他好像需要帮助

每天放学回家，宋晓宇都要经过一条长长的斜坡。

这天，他刚走到斜坡下面，抬头一看，有个人推着一辆三轮车，停在斜坡中间，三轮车上堆满了货物。

当宋晓宇走上前去，转头一看，推车的是一位老爷爷。他正咬着牙，用力地往前推着车，车子却一动不动。

这时，老爷爷也转过头来，看了看宋晓宇，然后露出一丝尴尬的笑容。

宋晓宇赶紧跑上前去，用手撑着货物，帮着老爷爷一起推车。

"一二三，一二三……"

在两人的通力合作下，三轮车终于慢

慢爬上了坡。

"好孩子，谢谢你！"到了坡顶，老爷爷一脸感激地说。

宋晓宇不好意思地摸摸头，留下一句"不用谢"，然后便开开心心地回家去了。

我们能像宋晓宇一样，第一时间读懂他人求助的眼神，了解他人的需求吗？当知道别人需要帮助时，我们又能大方地伸出援助之手吗？

在他人需要帮助时，读懂他人的需求，并尽自己所能提供帮助，这是一种能力，也是一种美德，更是一个高情商男孩必备的素质。

美丽的帮助

★赠人玫瑰，手有余香。
　　　　　　　　　　　　　　　　　——谚语

★在花中采蜜，是蜜蜂的娱乐；但将蜜汁送给蜜蜂，也是花的快乐。
　　　　　　　　　　　　　——［黎巴嫩］纪伯伦

★寻求快乐的一个很好的途径是不要期望他人的感恩，付出是一种享受施与的快乐。——［美］卡耐基

★多做些好事情，不图报酬，还是可以使我们短短的生命很体面和有价值，这本身就可以算是一种报酬。
　　　　　　　　　　　　　——［美］马克·吐温

第二章

情商管理，让你变成受欢迎的男孩

我的人缘怎么样？

新一轮班干部竞选开始了，成绩优异的许奕博准备竞选班长一职。

他自信满满地走上讲台，在黑板上"班长"一栏写下自己的大名，然后声音洪亮地发表了自己的竞选宣言：

我成绩优异，我有责任心，我有很强的班级荣誉感，我对工作认真负责，我是老师的得力小助手……

"还有谁比我更适合当班长呢？班长一职非我莫属。"许奕博信心十足。

可出乎意料的是，投票结果显示，优秀的许奕博居然落选了，班长一职被平时不怎么出色的路易摘得，而且两人的票数足足相差30票呢！

此时的许奕博像被别人抢了一棒，只见他垂头丧气地趴在课桌上，心想：我明明比路易更适合当班长，为什么大家都不选我呢？

相信许多同学都遇到过这样的窘境，明明自己的能力不比别人差，可是偏偏输在了人缘上。人缘好的同学，不管做什么事都能迎来一大帮支持者；而人缘差的人，即使再努力，再优秀，也没有人欣赏，真是让人苦恼啊！

每个人都需要朋友，需要被认可。如果不想被大家遗忘在教室的角落，不想总是孤芳自赏，那么赶快修炼自己的人缘，让自己成为一个受欢迎的男孩吧！

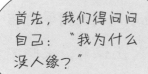

首先，我们得问问自己："我为什么没人缘？"

1. 有点儿自信过头。
2. 只顾自己，不顾及他人。
3. 总是独来独往。
4. 把自己的姿态放得太高。
5. 说话太刻薄。
6. 喜欢在背后嚼舌根。
7. 总是太严肃，开不起玩笑。
8. 爱打小报告。

这些让人失去人缘的小恶魔，你的内心住了几个？赶快把它们找出来，然后一一赶走，让自己重获好人缘吧！

他为什么受欢迎？

这次班长竞选，全班大多数同学都将票投给了路易，路易可真是班里的"人气王"呀！

"他这么受欢迎，究竟有什么秘诀呢？"

带着这个疑问，许奕博开始细心观察路易的一举一动。

早晨，路易刚走进教室，就热情地跟周围的同学打招呼。

上课前，宋晓宇发现自己把文具盒落家里了，路易主动把自己的铅笔、橡皮等文具借给他。

午休时间，路易从体育器材室借来篮球，积极组织男生们去操场打篮球。

放学后，他又自觉留下来，帮好朋友安浩晨做值日……

经过一天的观察，许奕博似乎知道路易为什么如此受欢迎了。

你知道路易为什么受欢迎吗?

1.他对人热情。

2.他乐于助人,懂得分享。

3.他善于融入集体,和大家打成一片。

4.他讲义气,真诚地对待身边的朋友。

除了这些,路易受欢迎的原因还有许多呢!比如,他很友善,懂礼貌,有担当,拥有好习惯和好品格,等等。正是因为这些优点,让他成为班上的"人气王"。

你身边有没有很受欢迎的同学?想一想他为什么受欢迎?将这些原因写下来吧!

99

交朋友很难吗?

"我也想拥有好人缘,有几个好朋友,可是交朋友实在太难了!"

谁不想交朋友呢?许奕博当然也不例外,他很羡慕路易,随随便便就可以交到那么多好朋友,可是自己一个好朋友也没有。路易做起来很容易的事,为什么对许奕博来说,就这么难呢?

想要交到知心朋友,究竟应该怎么做呢?而许奕博又是怎么做的?我们一起来看看吧!

1.友情不是交易

2.友情需要真诚

3.友情需要主动

4.友情需要维系

　　交朋友，说容易也容易，说难也难。容易的是，只需要你拥有一颗真诚的心，懂得付出，愿意主动和对方交朋友，就能收获真挚的友情；难的是，你需要持续保持真诚，不计回报地付出，用高情商去维系友谊，才能收获长久的友谊。你能做到吗？

"记得"很重要

在一次同年级联谊会上，宋晓宇认识了一个新朋友。联谊会上，两人聊得挺投机的，于是约好周末一起去踢足球。

到了周末，宋晓宇早早地来到足球场，和其他几个伙伴踢了一会儿足球。

不一会儿，新朋友来了，宋晓宇热情地向大家介绍道："他叫刘翔，是我的新朋友。"

"哇！空中飞人，刘翔呀！"其他伙伴一脸惊呼的表情。

宋晓宇的新朋友"唰"地一下脸红了，低声道："我不姓刘，我姓李，我叫李翔！"

"啊？是……是吗？是我搞错了呀！"宋晓宇一时尴尬得不知道说什么好。

为了缓和尴尬的气氛，宋晓宇赶紧转移话题："上次李翔跟我说，他是国家少年足球队的队员呢！”

“哇！好厉害啊！”伙伴们再次赞叹道。

没想到李翔的脸更红了，他用更低的声音说道：“我说的是社区少年足球队啦！”

连连出错的宋晓宇真恨不得找个地洞钻进去呢！而李翔呢？现在的他恐怕只想赶快回家吧！

结交了一个新朋友，却被对方记错姓名，记错说过的重要信息，无论是谁，都会感到很郁闷，甚至觉得自己不被对方重视吧！如此一来，一段友谊还没开始就濒临结束。

一段友谊的开始，除了彼此聊得来，有共同的爱好之外，还需要什么呢？还需要用心地对待。而用心对待的第一步就是"记得"。

我们需要记得什么呢?

♥ 记得对方的姓名。

♥ 记得对方说过的重要的话。

♥ 记得对方的好恶。

如果你能初次见面就记住对方的姓名；能在不经意间提到对方说过的话；还能清楚地了解对方喜欢什么、讨厌什么，对方一定能感受到你的真诚和用心，并打心眼里觉得："这个朋友，我交定了！"

友善的力量

班上转来一位新同学，名叫郁晓。因为还不太适应陌生的新环境，他总是独自一个人待在课桌前，不跟其他同学玩耍，也不跟任何人说话。

一旁的路易将这一切看在眼里。

课堂上，他发现郁晓的笔记本空空的，就把自己的笔记递了过去，并说道："有什么不懂的，可以问我。"可是，却遭到了郁晓的拒绝："谢谢！不用了！"

午饭时间，郁晓像只没头苍蝇一样，在食堂里转来转去。路易跑上前去，挽起他的胳膊，道："打饭的窗口在那儿呢！我带你去吧！"郁晓又想拒绝，可双脚却不由自主地挪动了。

大扫除时，郁晓一个人拖着重重的垃圾桶往教室外走，路易赶紧上前搭把手。这一次，郁晓不但没拒绝，还对路易露出了友善的微笑。

慢慢地，郁晓和路易变成了要好的朋友。而且，在路易的感染下，郁晓渐渐变得开朗起来，和班上其他同学也打成了一片呢！

瞧！这就是友善的力量！它是一杯热茶，能温暖人心；它是一座桥梁，能拉近人与人之间的距离。男孩，你想收获最真挚的友谊吗？友善，就是最快、最有效的方式。

哲理小故事

一天，太阳和风争论谁最强。风说："当然是我。你看那位穿着大衣的老人，我敢打赌，我能比你更快让他把大衣脱下来。"说着，风便铆足力气对着老人吹啊吹，想把老人的大衣吹下来，没想到，老人却把外套裹得更紧了。轮到太阳出场了，只见它从云后走出来，将温暖的阳光洒在老人身上。没多久，老人便开心地脱下了大衣。于是，太阳对风说："友善的力量比狂暴更强。"

懂得分享的男孩

10岁生日这天，宋晓宇得到了一件梦寐以求的生日礼物——一台电视游戏机。

他兴奋极了，放假后天天一个人在家玩。

一开始，他玩得挺带劲的。可是，每次都和一成不变的虚拟人物玩，没过多久，他就觉得太没意思了。

有一天，有几个朋友来宋晓宇家里玩。大家看见了宋晓宇的游戏机，都十分感兴趣。宋晓宇虽然觉得玩游戏挺无聊的，但又不好扫了大家的兴致，只能不情愿地打开游戏机。

游戏机一打开，大家都围了过来，别提多兴奋了，只有宋晓宇一人提不起劲来。

可没想到，当大家一起比赛，七嘴八舌地讨论游戏技巧时，游戏立刻变得有趣了。宋晓宇很快被吸引，跟着大家一起，赢了手舞足蹈，输了气得直跺脚，围观的时候呐喊助威，那场面，别提多热闹了。

原来，大家一起玩游戏，比一个人玩更有趣、更快乐。宋晓宇将游戏的快乐分享给了大家，自己也收获了更多的快乐。

朋友之间，应该懂得分享。一起享受快乐，快乐就会增加；一起分担困难，困难就会减弱。而友情，通过分享，将会越来越牢靠。

懂得分享

★分享是一种神奇的东西，它使快乐增大，它使悲伤减小。

★分享是一道简单的公式，只要你解开了，就能获得成功的喜悦。

★分享是一座天平，你给予他人多少，他人便回报你多少。

相反，如果你是一个自私的男孩，那么你就尝不到分享的快乐，也难以交到知心的朋友！

谁都需要被肯定

　　当身边的朋友沮丧时，缺乏信心时，甚至有点儿自卑时，路易都能从他们身上找出可贵的地方，然后用积极的话语肯定对方。

我们常常能从路易那儿听到这样的话：

"我觉得你很棒。"

"我相信你已经尽力了。"

"别灰心，你可以的。"

这样一来，沮丧的朋友不仅重拾了信心，还把路易当成了最知心的伙伴。

为什么几句肯定的话，有如此大的力量呢？这是因为，无论是谁，都有不自信的一面，都渴望被认可、被肯定，都期待在别人的眼中看到自己的价值。当你给予一个人真诚的赞美、肯定，或者鼓励时，他收获到的是信心和希望，而你得到了信赖和友谊。

 真诚地肯定他人

当对方感到沮丧时，请用积极的话语鼓励对方。

当对方缺乏自信时，请赞美他的优点，让他重拾信心。

当对方取得成功时，请给予真诚的掌声和祝贺。

 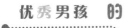

宽容的力量

午饭时间到了，同学们一个个像冲锋的战士，向食堂冲去。

安浩晨刚打好饭菜，准备去就餐区。这时，不远处冲过来一个男生，一个没刹住，直接和安浩晨撞了个满怀。盘里的饭菜一点儿不剩，全部扣在了安浩晨干净整洁的校服上。

安浩晨低头看了看胸前的"创意水彩画"，火冒三丈，正想开骂，只见那个男生手足无措地站在原地，一个劲儿地说"对不起"。

这时，安浩晨的脑海中浮现出今天早上的一个场景。在公交车上，他不小心踩了一个女生一脚。当时他也是像这样不停地道歉，那个女生不仅没有责备他，还反过来安慰他，说："没事儿，公交车上本来就站不稳。"

想到这里，安浩晨摆摆手，说道："没事儿，回家洗洗就干净了。"

然后，两人一起借来食堂的扫把，将弄脏的地板扫干净。后来，他俩还一起去打饭，一起吃饭，聊起了天呢！

看来，真是不撞不相识啊！

一句简单的"没事儿"，不仅轻而易举地化解了一场冲突，还让两个原本有可能成为"敌人"的人，最后变成了朋友。原谅的魔力可真大啊！

俗话说，忍一时风平浪静，退一步海阔天空。用一颗豁达的心原谅别人的小过失，让自己多一个朋友，少一个敌人吧！

名言小窗口

● 友谊的本质在于原谅他人的小错。

——［英］大卫·史多瑞

● 一个伟大的人有两颗心：一颗心流血，一颗心宽容。

——［黎巴嫩］纪伯伦

● 一个不肯原谅别人的人，就是不给自己留余地，因为每一个人都有犯过错而需要别人原谅的时候。

——［法］福莱

● 遇方便时行方便，得饶人处且饶人。

——吴承恩

幽默的神奇功效

考试结束了，宋晓宇垂头丧气地走出教室，自言自语道："唉！这次又考砸了，真想一头撞死算了！"

这时，马东东从后面跳出来，一脸着急地说："赶快把你的手机借我。"

"干吗？"宋晓宇一脸不解。

马东东挑挑眉，一本正经地回答道："我们班要出人命了，我得赶快打'120'啊！"

"噗！"宋晓宇反应过来，马东东这是在开他的玩笑呢！

被马东东这么一搅和，宋晓宇的心情似乎没那么糟糕了。

在同学们眼中，马东东是一个超级有趣

的男生，只要有他在的地方，总是充满了欢声笑语。

谁不开心了，只要听马东东说上几句，立马破涕为笑；

谁和谁吵架了，马东东在中间搞怪几下，矛盾瞬间化解；

聊天时，话题太无聊了，气氛降到冰点，马东东一出马，气氛立马沸腾起来。

马东东虽然背着"淘气大王"的称号，却因为有幽默感，而深受同学们的喜爱，大家都愿意和他交朋友呢！

可是，并不是所有人都能像马东东一样，拥有与生俱来的幽默感，很多人常常会陷入不知道如何表达幽默的困局。其实不用担心，幽默感是可以通过后天培养的。只要掌握以下这些好方法，你也可以变得很幽默哟！

幽默感修炼手册

· 别害羞，别偷着乐，自信地表达自己。

· 嘲笑别人不叫幽默，适当地调侃自己才是真幽默。

· 多多运用肢体语言，让幽默形象起来。

· 巧妙地运用夸张的话，但别吹牛哟。

· 多看喜剧、冷笑话书，增加幽默素材。

告别粗鲁

马东东虽然很幽默，却时常表现出很粗鲁的一面。大家前一秒钟还被他逗得哈哈大笑，后一秒钟就被他粗暴的语言给伤着。和他做朋友，还真是水深火热啊！

"我爸说，男生就应该粗鲁一点儿。"在马东东看来，说话大嗓门，不拘小节，用拳头解决问题，都是男子汉应该有的表现。

可是，他身边的同学们似乎并不这样认为。让我们来听听大家怎么说吧！

朱琳琳："马东东借东西从来不说谢谢，是个没礼貌的男生。"

安浩晨："马东东总是喜欢对别人大呼小叫，这一点实在太讨厌了。"

宋晓宇："马东东动不动就喊打喊杀，太可怕了，我还是离他远点儿。"

瞧！马东东引以为豪的"粗鲁"，却遭到了同学们的反感和抗拒。如果他再继续粗鲁下去，好朋友们恐怕将会一个一个远离他呢！

赶快和粗鲁说再见吧！粗鲁，并不会让你成为真正的男子汉，而懂礼貌、讲文明、有素质，则会让你变成一个受欢迎的小绅士。

和粗鲁告别！

● 说话讲礼貌，多用"请""你好""谢谢"等礼貌用语。

● 做个文明人，讲公德，遵纪律，守规则。

● 收起拳头，凡事讲道理，用正确的方式使用勇气和力量。

115

好习惯感染他人

最近，妈妈觉得宋晓宇的变化特别大。

洗脸时，接完水，他会把水龙头拧得紧紧的，而不是让水一直流；

吃饭时，他会把掉在桌上的饭粒捡起来，送进嘴巴里，而不是丢到地上；

坐公交车时，他居然主动把座位让给后上车的老爷爷，而不是装作没看见。

"宋晓宇，你长大了哟！好多坏习惯都改掉啦！"看着进步飞速的宋晓宇，妈妈欣慰地竖起了大拇指。

可是，宋晓宇自己却一头雾水："有吗？我自己都没发觉呢！"

宋晓宇的变化这么大，为什么他自己却不知道呢？原来，这一切还得归功于他的好朋友路易呢！

众所周知，路易是一个拥有很多好习惯的男生，他爱干净，爱整洁，节约用水、用电，从不浪费粮食，尊老爱幼，拾金不昧……自从和他成了好朋友，宋晓宇每天都目睹着他的好习惯，不知不觉中，自己也被他"传染"了。

人和人之间有一种奇妙的吸引力，相处久了，就会互相影响、互相感染，变得越来越相似。用自己的好习惯影响身边的朋友，也借朋友的好习惯感染自己，让彼此拥有双份的好习惯，都变成更优秀的人。

注意啦

好习惯可以感染人，同样地，坏习惯也能影响他人。如果你不讲卫生，你的朋友也可能变邋遢；如果你的朋友爱说谎，你也可能变成一个满嘴谎话的人。如此一来，彼此都可能会被坏习惯吞没，变成众人眼中的"坏男孩"。为了自己，也为了朋友，赶快改掉那些可怕的坏习惯吧！

117

好品格影响他人

周五放学后，宋晓宇对路易说："路易，周末我们一起去踢足球吧！"

一向不懂拒绝的路易这次却摇摇头，说："不行啊！我周末有事。"

有什么事比和朋友一起踢足球更重要？宋晓宇实在想不通，他一定要弄清楚才行。

在宋晓宇的再三逼问下，路易终于道出了事实。原来，他报名参加了"帮助贫困山区儿童爱心志愿者"的活动。

路易说："那些贫困山区的孩子和我们差不多大，却吃不饱，穿不暖，有些甚至连书都读不起，我们应该帮助他们。"

"可是，我们的能力有限，根本帮不到他们的。"宋晓宇无奈地耸耸肩。

"怎么帮不到？"路易反驳道，"我们可以把自己的旧书本、旧衣物，还有零花钱捐出来，一人一份力，参与的人越多力量就越大。"

听了路易的话，宋晓宇浑身的血液都沸腾起来。于是，在他的心里，一个小小的计划开始慢慢成形……

周末，当路易抱着一大袋物品走出家门时，他看到了这样一幕：宋晓宇带领着十几个同学，每人抱着一个大纸箱，站在路口边等他呢！

一个人的力量是微薄的，可是当你用这份力量影响身边的人时，它就会慢慢拉拢更多的力量，最后凝聚成一股强大的能量。所以，千万不要小看你身上的好品格哟！说不定，它正在不知不觉中影响着、改变着你身边的朋友们呢！

用这些好品格影响他人吧！

· 正直
· 坚强
· 有上进心
· 充满正义感

· 有爱心
· 讲诚信
· 谦逊
· 有责任心

119

男生的义气

午休时间，宋晓宇高高兴兴地抱着篮球跑出教室，没想到不到10分钟，他便耷拉着脑袋一脸沮丧地回来了。

"你怎么这么快就回来了？"正在看书的路易抬头问道。

"别提了！"宋晓宇一屁股坐在椅子上，气呼呼地说，"我才打了一会儿，高年级的几个男生把场地给抢了！"

"什么！？"马东东不知道从哪儿跳出来，大吼道，"敢抢你宋晓宇的场地，他们也不打听打听你是被谁罩着的。别怕，我替你收拾他们。"说着，他握紧了拳头，就要往外冲。

"你就别添乱了。"站在门口的许奕博赶紧拦住马东东，"我看最好的办法还是告诉老师，让老师来解决这件事。"

"不太好吧！"宋晓宇一想到大家全都站

在老师办公室的场景，不禁打了个哆嗦。

此时，一直没有开口的安浩晨建议道："依我看，最好的办法就是，我们组一个队，和他们打一场篮球赛，谁赢了，场地就归谁。"

安浩晨的这个办法真是太妙了，大家都啧啧称赞。于是，男生们组好队，拿上篮球，浩浩荡荡地朝操场走去……

别看男生们平时吵吵闹闹的，经常小矛盾、大矛盾不断，可到了关键时刻，却能拧成一股绳，停止"内战"，一致对外，这就是属于男生的义气。每个男生都有义气，不过义气只有通过正确的方式使用，才能真正起到帮忙的作用哟！反之，就成了火上浇油。

义气的正确打开方式

· 真心实意地替对方考虑，而不是只为显示自己的能力。

· 任何情况下，都不要教唆他人做违法乱纪的事情。

· 有多大能力办多大事，硬着头皮强出头，只会损人不利己。

· 朋友出错要提醒，朋友干坏事要阻止，这也是一种义气。

请尊重他人

月末，田老师重新编排了座位，许奕博和成绩不太好的鲁阳成了同桌。

"许奕博，你能教我做这道题吗？"鲁阳小心翼翼地将课本伸到许奕博面前。

许奕博瞟了那道题一眼，脸上瞬间浮现出嫌弃的表情，心里嘀咕道："这么简单的题都不会，真是笨啊！"

"听好了，这道题要这样解……"许奕博摆出老师的架势，快速地将解题方法说了一遍，末尾还补上一句，"听懂了吗？"

"能……能麻烦你再讲一遍吗？"鲁阳挠挠头，一脸尴尬地说。

"这都听不懂？"许奕博露出一副不可思议的表情，尖声说道，"你也太笨了吧！我已经讲得很详细了，稍微有点儿脑子的人都听懂了。"

许奕博的声音实在太大了，一个个尖锐的字眼，不仅灌进了其他同学的耳朵里，也刺进了鲁阳的心里。顿时，身处在众人目光下的鲁阳，脸上像火烧一般，火辣辣的，恨不得赶快把自己藏起来。

没有人是完美的，每个人身上都会有或多或少的缺陷和弱点。当我们的缺陷和弱点暴露在外时，最不希望的，就是被别人拿来调侃和嘲笑；最渴望的，就是被尊重。尊重是相互的，要求他人尊重自己，首先我们要尊重他人。

 ## 学会尊重每一个人

1.尊重长辈

对长辈有礼貌，不对长辈大呼小叫，长辈们说话时不去打断他们。

2.尊重老师

见到老师要问好，上课认真听讲，不给老师取外号，不顶撞老师。

3.尊重同学

不嘲笑同学的弱点，不对同学说难听的话，不给同学取带侮辱性的外号。

我能明辨是非

放学回家的路上，宋晓宇和安浩晨路过一家网吧。

"小朋友，进来玩一会儿呗！网吧今天开业，前一个小时免费哟！"门口的老板用充满诱惑力的语气吆喝道。

听到"免费"两个字，宋晓宇的眼睛都亮了，他拉着安浩晨，激动不已地说："反正还早，要不我们进去玩一个小时吧！"

"对对对！"网吧老板也赶紧应和道，"玩一个小时，没关系的，不要钱。"

听了老板的话，宋晓宇再也按捺不住了，正打算自己一个人往里边冲，却被安浩晨一把拉住："上网是会上瘾的，一个小时过得很快，玩了一个小时，肯定想玩两个小时、三个小时，到时候就一发不可收拾了。更何况，老师说过，未成年人禁止进入网吧！"说完，他不由分说地拉着一脸不甘心的宋晓宇离开了。

第二天早上，宋晓宇刚到教室，就听马东东说道："昨天有几个男生到新开的网吧上网，被教导处的老师逮了个正着，现在正在办公室罚站呢！"

"好险啊！"宋晓宇长舒一口气，心想：多亏了安浩晨，不然现在站在办公室的人就是自己啦！

身边有一个明辨是非的朋友，真是如有一宝啊！他能在我们即将犯错时，给予警示；在我们面临选择时，给出合理的建议。

男孩，要努力成为一个明辨是非的人，像指南针一样，为朋友分辨航线，指引道路，和朋友一起快乐、健康地成长吧！

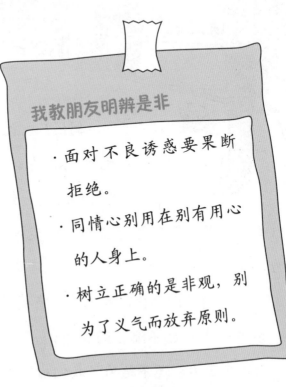

我教朋友明辨是非

· 面对不良诱惑要果断拒绝。
· 同情心别用在别有用心的人身上。
· 树立正确的是非观，别为了义气而放弃原则。

优秀男孩 的 情商 秘籍 　How to Manage Your Emotions

接纳他人，乐于合作

"马东东，你这个墙纸都贴歪了，还是我来吧！"

"宋晓宇，你怎么能把音响摆在门口呢？你先别动，等下我来摆。"

"黑板上的字是谁写的？也太丑了吧！擦了，我来写！"

元旦晚会的前一天，田老师临时认命许奕博为组织委员，组织大家一起布置教室。为了出色地完成老师布置的任务，许奕博尽心尽力，什么事都亲力亲为，忙得满头大汗。

可是，同学们却抱怨声连连，有的甚至甩手不干了。

看着一点儿也不配合的同学们，许奕博既委屈，又纳闷，心想：我这么卖力，还不是为了我们班？大家为什么不理解呢？

许奕博什么事都大包大揽，完全不给其他同学表现的机会，自己付出了心血，不仅得不到认可，甚至还遭到了抗议，这是怎么回事呢？

集体是大家的，每个人都渴望为集体出力，都希望自己的价值得到体现。在集体中，如果什么事都自己做，不让他人插手，不知不觉中就会把大家都推到了对立面，集体就会变成一盘散沙。如此一来，我们既失去了支持者，也降低了办事效率。身在集体，我们应该果断放弃个人英雄主义，接纳他人，享受合作的乐趣。

在集体中，我要这样做

- 在集体中，以大局为重，把自己的意愿放一放，把集体的利益摆第一。
- 别什么事情都自己一个人做，也给其他成员一些表现的机会吧！
- 一个人的想法很有限，要学会倾听和接纳别人的意见与建议。
- 绝对不做那个指手画脚、光说不做的人。

127

如何不被拒绝？

　　宋晓宇急着去和伙伴们打球，想请朱琳琳帮他把地扫了，没想到朱琳琳理都没理他，就走了。

　　"女生就是小气！"最后，宋晓宇得出了这样的结论。

难道真的是因为朱琳琳小气，才会无情地拒绝宋晓宇的请求吗？还是宋晓宇应该反省反省，是不是自己哪里做错了？

请求别人帮忙看起来是一件很简单的事，可要是选错了方式，打错了算盘，很容易被人拒绝呢！

不被拒绝的三大条件

★ **语言有礼貌。**即使是最亲密的朋友，也应该有礼貌地提出请求。当你诚恳又谦逊地请求帮助时，就等于成功了一半。

★ **请求要合理。**像"我真的做不到""对方可以做到""不会让对方为难"这样的请求才是合理的。像"帮我做作业""帮我撒个谎"这种不合理的请求千万别提。

★ **经常帮助别人。**如果你是个平时就喜欢帮助别人的男生，相信你在请求别人帮忙时，被拒绝的可能性会小很多。

我们的关系有点紧张

自从上一次王梓豪在路易背后说了他的坏话，他们俩的关系就大不如前了。

最近，路易经常回想起两人之前一起踢球、一起复习功课、一起上下学的时光，怀念极了。他经常想，两人要是能够回到以前那样，该多好啊！

可是，想着想着，他又沮丧起来。两人因为上次的矛盾，已经一个星期没说话了，怎么可能还会变得像从前那样好？

一对原本亲密的好朋友，就要越走越远了，多可惜啊！我们赶快来帮他们支支招，让他们冰释前嫌，重新和好吧！

1.放下面子，主动沟通

朱琳琳：想要和好，总得有一个人先站出来，主动打招呼，主动说话。如果路易能成为主动的那一个，我相信王梓豪一定会和他和好的。

2.了解对方的需求

安浩晨：王梓豪最近正为钢琴比赛的事情烦恼呢！如果路易能多关注一下这方面的事情，给他一些关心和鼓励，两个人一定能和以前一样好。

3.善用玩笑，消除嫌隙

马东东：男孩子之间别那么扭捏，这时候脸皮厚一点，凑在一起开开玩笑，什么不愉快都会烟消云散啦！

好朋友之间别计较那么多，只要你用一颗真诚的心对待对方，对方也会回馈给你同等的真诚。有了矛盾，别埋在心里，把话开诚布公地说出来，该道歉的道歉，该接受的接受，不是很好吗？

和女生做朋友

　　自习课上，宋晓宇一抬头，发现前面的路易和朱琳琳正在埋头讨论着什么。他赶紧拍拍一旁的马东东，指着前面，露出一副看好戏的表情，调侃道："你瞧他们俩，挨得多近啊！"

　　马东东抬头一看，也捂着嘴巴不怀好意地笑起来。

　　一下课，马东东就像个大喇叭一样，大声吆喝道："路易和朱琳琳在谈恋爱呢！"

　　路易一听，瞬间涨红了脸，大声说道："马东东，你别胡说。"

　　朱琳琳更是气哭了，红着眼睛就跑出了教室。

看着幸灾乐祸的马东东，路易苦恼极了，难道男生和女生就不能讨论问题，不能做朋友吗？为什么大家总是戴着有色眼镜看待男生和女生之间的友谊呢？

谁说男生只能和男生做朋友？不管是男生，还是女生，只要品行端正，有共同的兴趣爱好，有值得学习的地方，就都值得成为朋友。别在意同学的玩笑，坦然面对他人的非议，大方地做自己，坦荡地交朋友吧！

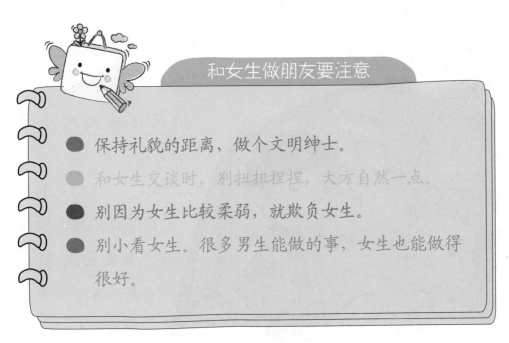

和女生做朋友要注意

- 保持礼貌的距离，做个文明绅士。
- 和女生交谈时，别扭扭捏捏，大方自然一点。
- 别因为女生比较柔弱，就欺负女生。
- 别小看女生。很多男生能做的事，女生也能做得很好。

优秀男孩 的 情商 秘籍 *How to Manage Your Emotions*

谁都可以做朋友吗？

放学了，宋晓宇刚走出校门口，就看到马东东着急忙慌地朝不远处的小巷子跑去。

"马……"宋晓宇刚准备叫他，就看见巷子里走出一个没穿校服的高个子男生。只见那个男生一把钳住马东东，把他拖进了巷子里。

"该不会是黑社会的吧？"

宋晓宇一边想着，一边慌慌张张地向小巷子走去……

他刚走到巷子口，马东东就从里面走了出来，另一个男生却不见了。

"你没事吧？"宋晓宇瞧了瞧马东东身上被弄皱的校服，一脸关切地问。

"没事！"马东东摆了摆手，拍了拍袖子，说道，"我一个哥们儿，以前帮过我，现在找我借点零花钱。"

马东东真的没事吗？接下来的好几天，这个"哥们儿"都会找马东东借钱，却从来不提还钱的事。马东东这才意识到，他把对方当朋友，对方却把他当成了提款机啊！

如果你像马东东一样，遇到这样的"朋友"，还是赶快远离吧！正所谓"近朱者赤，近墨者黑"，好的朋友助我们成长，坏的朋友则有可能让我们学坏。学会区分和鉴别好朋友与坏朋友，也是情商管理的重要一课。

● 请远离这样的"朋友"

· 违法、乱纪，欺负弱小，爱打架的"朋友"。
· 见利忘义，把自身利益看得比什么都重的"朋友"。
· 满身坏习惯却不愿意改正的"朋友"。

135

第四章

情商终极训练，塑造完美男孩

我可以选择快乐

　　冬天的早上，大地被冷空气包围，刺骨的寒风呼呼地刮着，路上的行人来去匆匆。宋晓宇缩着脑袋，皱着眉，裹紧了身上的羽绒服，匆匆向学校的方向走去。

　　"这该死的鬼天气！"冷风刮得宋晓宇的脸上一阵刺痛，他忍不住抱怨道。

　　这么冷的天气还要早起上学，每天出门都冻得直发抖。自从进入了冬天，宋晓宇就没有一个早晨是开心的。

　　宋晓宇刚走到校门口，突然一片白色的东西落在他的睫毛上，他抬头一看，天空竟然纷纷扬扬飘起了雪花。

"哇！下雪了！"周围的同学们都兴奋地大叫起来。

宋晓宇伸出双手，一片一片晶莹剔透的雪花轻轻地落到他的手上、胳膊上、肩膀上。一瞬间，他的心像是照进了阳光，突然明朗起来。终于，他露出了开心的笑容，就连身体也不觉得冷了。

寒风还是照样吹，宋晓宇的心情却因为雪花的到来而豁然开朗。心情好了，一切糟糕的事情突然都没那么糟糕了。

其实，很多时候，环境的好坏是由我们的心情是否快乐决定的。当我们心情好时，自然觉得周围的一切都很美好；而心情不好时，再美的风景也会黯然失色。既然如此，我们为什么不选择快乐地面对一切呢？

● 拥有快乐其实很容易

· 经常微笑。爱笑的人总是比较容易快乐。

· 尽情玩耍。玩的时候就把所有烦恼丢一边，畅快地玩吧！

· 发现美好。拥有一双善于发现美的眼睛，一片雪花、一朵鲜花、一只小蜗牛都是快乐的源泉。

· 拥有朋友。走出自我的小空间，经常和朋友们在一起，快乐就会被分享。

热情让我充满动力

没有激情，世界上任何伟大的事业都不会成功。

——［德］黑格尔

　　早读课上，宋晓宇无精打采地翻看着英语书，那些单词就像是一个个催眠咒语，他每读一个，就觉得自己离周公又近一步。

　　与此同时，身旁传来路易洪亮的朗读声："young年轻的，tall高的，strong强壮的……"

从现在开始，我要充满热情地迎接每一天！

　　宋晓宇耷拉着脑袋，不解地问：

　　"路易，一大早那么兴奋干吗？省点儿力气吧，还有一天的课呢！到了下午，保准你没精神。"

　　"不会呀！"路易笑着回答道，"读大声一点儿，我记得更牢。而且，从早上开始，就让自己进入学习状态，到了下午，还是一样有精神。"

果然，下午上课时，路易依然精神饱满，做什么都充满活力。而宋晓宇呢？上课时简直像不倒翁一样，不停地打瞌睡。

热情是一种很奇妙的东西，它从来不会越用越少，相反，你越是勤用它，它越是源源不断地滋生。不管是学习，还是生活，如果我们充满热情，就会拥有取之不尽的动力。这样一来，不管做什么都浑身充满干劲，自然能做到最好，就更容易取得成功啦！

小故事

有人问三个砌砖工人："你们在做什么？"第一个工人说："我在砌砖。"第二个工人说："我在赚钱。"第三个工人说："我正在建世界上最特别的房子。"于是，前两个工人一直是普通的砌砖工人，第三个却因为对工作充满热情，每天都努力工作，寻求进步和突破，最后成了出色的建筑师。

141

学会自我激励

星期六，宋晓宇和爸爸一起去公园跑步。

"爸爸，我准备跑10圈。"宋晓宇一边做准备活动，一边满脸自信地对爸爸说。

"真的吗？"爸爸一副不敢相信的样子，说道，"10圈可是5000米啊！你能做到吗？"

宋晓宇见爸爸不相信他，便拍拍胸脯，信誓旦旦地说："我一定能做到。要是做不到，我就罚自己一个星期不吃零食。"说完，他一溜烟地奔了出去。

刚开始，宋晓宇浑身是劲儿，速度也很快，可是到了第6圈时，他发现自己力气都用光了，双腿都快抬不起来了。

宋晓宇拖着仿佛千斤重的步子，一点一点地往前移动。

"好想休息啊！"看着一旁的长椅，宋晓宇真想停下来，躺上去啊！

可是，他转念一想，如果自己完不成10圈，一定会被爸爸笑话，还得牺牲一个星期的零食，太不划算了。

"不行！我一定要跑完！"他咬紧牙关，握紧了拳头，使出浑身力气，努力向前跑起来。

他一边跑，一边在心里对自己说："别停下来，你一定可以的。"

7圈，8圈，9圈……

终于，他凭着顽强的意志力，跑完了整整10圈！连他自己都觉得不可思议呢！

瞧！原本觉得不可能完成的事，当你觉得自己一定能行时，就真的有可能实现呢！比起他人的鼓励，自己对自己的鼓励，更能够增加希望和力量，激发潜力，突破自我，取得意想不到的成功哟！

 ## 自我激励法则

- 面对挑战时，鼓励自己："我是最棒的，我能行，我一定能够做到。"
- 把目标分成几个阶段，完成一个阶段给自己一些鼓励："做得不错，继续努力！"激励自己一步一步实现最终目标。
- 遇到挫折和失败，别灰心，激励自己："没关系，重新再来，我一定能行。"
- 成功了，别自满，提醒自己："别松懈，还有更高的挑战等着我，我得再接再厉！"

拥有实力很重要

"宋晓宇,你来读一下这段课文。"

英语课上,"幸运"的宋晓宇被老师点名了。只见他战战兢兢地站起来,慌慌张张地拿起课本,小声地读起来……

一段还不到100个单词的课文,宋晓宇磕磕绊绊地读了5分钟,总算读完了。他擦了擦额头上的汗,这才松了一口气。

"还有哪位同学想试一试?"老师又问道。

"老师,我来读!"许奕博主动站起来,大声回答道。

只见他手拿课本,声音洪亮、声情并茂地读起来,每一个单词的发音都很准确,每一句话的表达都很流畅,不到1分钟,他就顺利地完成了朗读。只见他抬起头来，在老师赞许的眼神中露出自信的笑容。

同样的一段课文，宋晓宇面对它时，表现出来的是紧张和害怕，而许奕博看起来却特别轻松和自信。这是怎么回事呢？

这是因为，实力让人充满信心。当你拥有实力时，就不会惧怕挑战，无论什么样的困难来袭，都会充满自信，从容应对。

因此，努力增强自己的实力，是获得自信的重要途径之一。而自信，又是高情商男孩必不可少的素质之一。

实力修炼手册

★ **优异的成绩是重要的实力之一。**好好学习，是每个高情商男孩必须做到的事。

★ **拥有一样出众的才能。**绘画、足球、钢琴、围棋、书法……选择自己的兴趣，努力做到最好吧！

★ **发挥自己的优势。**我领导力很强，我想象力很丰富，我动手能力很棒……找到自己的优势，好好发挥和运用它，增强自己的实力吧！

别让自信过了头

这周，班上要出一期英语黑板报，田老师问大家："有谁可以负责这件事？"

"我！"英语达人许奕博当仁不让，积极自荐。

于是，田老师把这项艰巨的任务交给了许奕博。很快，他便风风火火地开工了。

想主题、设计版式、画图案、写内容……他全权负责，一手包办，不到三天，就完成了黑板报。

许奕博看着自己精心制作的黑板报，满意地点了点头，自言自语道："我做的英语板报无可挑剔！"

这时，马东东走了过来，指着黑板报的一角，大笑道："还无可挑剔呢！'苹果'不应该是a-p-p-l-e吗？怎么变成了e-p-p-l-a？"

许奕博凑上去仔细一看，还真是！作为英语达人，居然连一个简单的单词都写错了，真是羞愧呀。许奕博瞬间涨红了脸，他以后再也不敢说大话了。

不管做什么，都要有自信，要相信自己一定可以做到。但是，千万不要过于自信，认为自己无所不能，什么都能做到，什么都能做到完美无缺。要知道，自信一旦过了头，就会给我们带来一些不必要的麻烦，甚至造成意想不到的损失。

 自信≠自满

　　自满的人容易自我满足，取得一点儿小成绩就扬扬得意，目中无人，这不是真正的自信。自满会让我们变得目光短浅，不思进取，是人生道路上的绊脚石。

 自信≠自负

　　自负的人往往妄自尊大，高估自己的能力，觉得自己很了不起，这更不是自信。自负让我们活在盲目的自我里，认不清现实，最后只能被现实淘汰。

 真正的自信

147

　　有相信自己的气魄，有勇往直前的决心，有直面挫折的勇气，这才是真正的自信。摆正自信的位置，远离自满和自负，我们才能登上成功的巅峰。

克服嫉妒

新学期开始，宋晓宇和王梓豪一起参加了学校的车模队。

学车没多久，两人的差别就显现出来。组装四驱车时，宋晓宇总是特别粗心，经常掉零件，而王梓豪的拼车技术又好又快。到了赛车环节，王梓豪手下的四驱车更是风驰电掣，而宋晓宇的四驱车不是东撞西跌，就是飞出赛道。

"王梓豪太厉害了！"王梓豪的出色表现吸引一大批"粉丝"的围观和赞叹。

一旁的宋晓宇看在眼里，心里很不是滋味：有什么了不起的，不就是家里有钱，买的车比我的好吗？我要是有一辆好车，肯定比他更厉害。

这天，粗心的宋晓宇把一个重要的零件弄丢了，没办法参加练习。王梓豪见了，主动把自己的四驱车借给他。

宋晓宇接过那辆又酷又炫的四驱车，心想：哈哈！终于轮到我一展身手了。

可没想到，车子刚开出

起跑线，就不受控制，一头撞上了防护带……宋晓宇这才知道，原来这种型号的四驱车更难掌控，更需要扎实的技术和实力啊！

"王梓豪果然厉害！"宋晓宇眼里的嫉妒终于变成了佩服，他暗暗下决心：我一定要好好向他学习，好好练习自己的车技。

世界上，有一把很锋利的刀，名叫嫉妒。这把刀很奇怪，当你把它挥向别人时，它却反过头来伤害你自己。但是，如果你能好好利用它，将它转化成自我修炼的武器，它就能助你超越自我，成为更优秀的自己。

停止拿自己和别人比较

世界上总有人比你拥有更多，比你更优秀，不去比较，就不会心理不平衡，就不会产生嫉妒。

承认嫉妒

嫉妒已经发生了，承认和接受它，然后坦然对待，停止给它提供能量，它就会慢慢消失。

树立自信心

一个有自信的男孩，会将嫉妒转化为动力，努力提高自我，努力变得更优秀。

优秀男孩 的 情商 秘籍　　How to Manage Your Emotions

竞技场上的风度

　　操场上，一场羽毛球比赛进行了到最后关头——19∶20。

　　此时，左边的选手王凯一记暴扣，居然出界了，观众席上的空气瞬间凝固了，因为这意味着他以19∶21输了这场比赛。

　　就在这时，一个人举起了手，对裁判说道："球压线了。"观众们循着声音望过去，说话的人居然是右边的选手路易。

经过一分钟的裁决，裁判宣布20:20平，比赛继续。

随着观众的欢呼声、呐喊声，王凯最终以22:20反败为胜。

赛后，大家都替路易感到可惜，都说他太傻了，把原本已经属于他的胜利，拱手让给了对方。

路易不仅没有懊恼，反而笑了笑，说："我明明看到球压线了，如果不说出来，这样就算赢了，也不光彩呀！"

路易虽然输了比赛，却赢得了风度，也赢得了大家的赞许和掌声。

输得有风度，这是一种能力、一种素质，更是一种高情商的表现。比赛虽然结束了，胜负已经见分晓，但真正的"输"和"赢"，却不止于这里。有风度的男孩，才是真正的人生赢家。

 我要输得有风度

· 接受自己输了的事实。

· 不埋怨自己，更不抱怨他人。

· 真心祝贺对方赢得比赛。

· 重整旗鼓，再接再厉。

我的报仇计划

旱冰场上，宋晓宇和马东东"狭路相逢"，两人决定来一场速滑比赛，比一比谁厉害。

3、2、1，开始！

宋晓宇"嗖"地一下就冲了出去，马东东也紧随其后。

两圈下来，机灵的宋晓宇一直领先马东东半米的距离。马东东有点儿不甘心，只见他伸出一只手，一个飞步上去，拽了宋晓宇一把。宋晓宇一个踉跄，瞬间落在了后面。

"诡计"得逞的马东东转过头来，朝着被甩在身后的宋晓宇，露出得意的笑容。

"马东东，你等着。"宋晓宇咬牙大叫，加快速度追赶上去。

于是，刚一接近马东东，宋晓宇就伸出两只手，使出"降龙十八掌"，将马东东推出了赛道。

马东东重整旗鼓，抄近道堵住宋晓宇。宋晓宇也不甘示弱，用胳膊使劲地将马东东撞开。这下好了，一场好好的速滑比赛，生生被两人演绎成复仇大战。

最后，"报仇"心切的宋晓宇使出大绝招，一记扫堂腿，将马东东绊倒在地。马东东反应不及时，直接脸着地，头上磕出了一个大包，疼得他哇哇大叫，而一旁的宋晓宇也吓傻了。

在男孩的规则里，你碰我一下，我就得推你一把；你打我一拳，我必须踢你一脚。于是，男孩们总因为一点儿小事，而引发打架斗殴事件。因为谁也不肯吃亏，以牙还牙，以暴制暴，就成了男孩们解决事情的"最佳"办法。

可是，真的有必要为了一点儿小事就开启"报仇计划"吗？要知道，报仇是一项永无止境的"事业"，报仇一旦开始，就必定陷入报仇与被报仇的循环中。冤冤相报何时了呢？

男孩，放弃你的报仇计划，做个宽容豁达的真君子吧！

放弃报仇吧！

- 别因为小事斤斤计较，别咬着别人的小过失不放。
- 比起暴力，用真正的实力说话，更能显示你的勇猛。
- 如果对方抓住你的过失，向你"报仇"，就让"报仇计划"在你这里终止吧！

我有一颗强心·脏

在生活中，我们也会像路易一样，难免碰到一些不怀好意的人，以及一些刻意的伤害。面对这些，我们该选择回击，还是逃

避呢？如果以牙还牙地回击，只会将矛盾激发，让事情变得一发不可收拾；如果选择逃避，又会让人觉得你很懦弱、好欺负，从而招惹来别人变本加厉的伤害。

路易是怎么做的呢？不管是别人的嘲讽，还是挑衅，或者是言语上的伤害，他既不回击，也不逃避，而是选择从容地看待和应对，将矛盾巧妙地化解。不过，要做到这一点，必须得拥有一颗强大的心脏。

怎么才能拥有一颗强心脏呢？

直面挫折，迎难而上。
遇到问题，保持冷静。
走出舒适，主动挑战。
面对现实，接受现实。

勇敢面对挫折

宋晓宇有一个当船长的叔叔。暑假，在叔叔的邀请下，他终于坐上了梦寐以求的轮船，出海了。

轮船行驶在一望无际的海面上。海面上风平浪静，波光粼粼，美极了。宋晓宇忍不住感慨道："海可真美，真平静啊！"

一旁的叔叔笑了笑，说道："海可不会一直平静哟！遇到台风的时候，海面就会波涛汹涌，掀起滔天巨浪，甚至能把船掀翻呢！"

"哇！"宋晓宇张大了嘴巴，想象着巨浪滔天的恐怖景象，不由得打了个寒战，说道，"我们要是遇到台风就惨了，还是赶紧掉头吧！太可怕了。"

"掉头可不行！"叔叔拍拍宋晓宇的肩膀，继续说道，"你想掉头，可是船的速度没台风快，它很快就能追上来。"

"那我们就绕过去！"

"也不行！"叔叔又说道，"如果船的侧面遇到台风，巨浪一卷，船立马就翻了。"

"那怎么办？"宋晓宇露出一丝绝望的神情。

这时，叔叔指着前方，大声说道："我们唯一的办法是，迎着台风，冲上去！"

我们的成长就像这轮船在大海中行驶一样，不可能永远一帆风顺。当遇到可怕的台风时，我们该怎么办呢？这时候，我们不要总想着逃避和躲开，因为不管你怎么逃、怎么躲，困难永远都在，有时甚至会变得更强大。我们应该勇敢地面对它，才有战胜它的可能。

勇敢面对挫折

最困难的时候，也就是离成功不远的时候。

——[法] 拿破仑

在人生的道路上，谁都会遇到困难和挫折，就看你能不能战胜它。战胜了，你就是英雄，就是生活的强者。

——张海迪

157

人生是一次航行。航行中必然遇到从各个方面袭来的劲风，然而每一阵风都会加快你的航速。只要你稳住航舵，即使是暴风雨，也不会使你偏离航向。

——[美] 西·切威廉斯

请保持冷静

"同学们，抓紧时间，考试时间还剩下30分钟。"

教室里正在进行数学考试，当监考老师报出时间时，宋晓宇吓了一大跳，他还剩下一半的题目没有做呢！

"怎么办？怎么办？"他一脸惊慌失措，脑子里瞬间一片空白。

一时间，他手忙脚乱，一道计算题还没算出结果，又赶忙去做应用题，应用题还没做完呢，又回过头去做选择题……

30分钟很快过去了，当考试结束的铃声响起时，宋晓宇居然没能完整地做完一组题。看着被自己填得乱七八糟的试卷，他只剩下唉声叹气了。

考试时，我们也会遇到时间不够的状况，这种情况下，如果像宋晓宇一样自乱阵脚，就会打乱原本做题的节奏，最后只能抓瞎了。

越是时间紧迫，越是遭遇困难，就越应该让自己冷静下来，沉着地面对现实，然后理清思路，更有条理地解决问题。

如何保持冷静？

- 凡事先做好思想准备，提前预计可能发生的状况。
- 在心里暗示自己"我要沉着冷静""我要镇定"。
- 遇到事情，别急着解决，先冷静地思考片刻，再做决策。
- 事后反省，积累经验和教训，下次遇到同样的事情，就能从容面对。

 学会冷静后的宋晓宇

时间不够了，我要先把容易的题目做完，剩下的时间再去做比较难的。

走出舒适圈

炎炎夏日，同学们正在操场上体育课。

当体育老师宣布"接下来自由活动"后，好多同学赶紧跑到阴凉的树底下，躲避烈日的暴晒。

"宋晓宇，我们去踢球吧！"马东东抱着足球，找到蹲在树荫下乘凉的宋晓宇。

宋晓宇抬起头，瞧了瞧火辣辣的太阳，拼命摇头，道："不去，不去！这么大的太阳，晒都要晒死了。"

马东东只好邀别的同学去踢球了。

接下来，好几次体育课，宋晓宇都躲在阴凉的地方，吹着口哨，哼着歌，别提多惬意了。而马东东他们，却在足球场上挥汗如雨。

夏末，学校组织足球比赛，马东东球技大涨，被体育老师任命为前锋。而宋晓宇却还停留在原先的水平，直接从前锋沦为了替补队员，他这才追悔莫及。

待在凉爽的树荫下，自然舒适快活。可是，舒适的状态保持久了，人就会变得懒惰，没有上进心。当别人都迎着烈日努力奋斗时，我们却待在自己的舒适圈里，停滞不前，很快我们就会被别人远远地甩在身后。

试着走出优越的环境，走出为自己设定的舒适圈吧！男孩，千万别等困难找上门，再来慌忙应对，主动去挑战困难，对抗艰苦，赢得属于自己的一片天吧！

 我要走出舒适圈

安浩晨：我胆子小，害怕当众发言，为了克服这个弱点，我准备报名参加演讲比赛。

路易：暑假，我跟随爸爸一起去贫困山区体验生活，虽然吃了很多苦，我却变得更坚强、更懂事了。

161

朱琳琳：我每天都会读一点儿古代名著，看不懂的地方就查字典。一开始虽然很吃力，但看得多了，我的知识面变得越来越广，作文水平也提高了很多。

我能直面现实

半年前，路易的爸爸妈妈离婚了。

他和其他离异家庭的孩子一样，一开始完全不能接受这个事实。那段时间，他变得非常敏感，总是把自己锁在房间里，甚至还有了离家出走的想法。

有一天，他无精打采地走在路上，看到一个小男孩趴在垃圾箱上，认真地写作业。

这时，路过的一个陌生人关心地问那个男孩："小朋友，你一个人待在这儿多危险啊！怎么不回家写作业？"

小男孩不好意思地吸了吸鼻子，然后指着不远处，腼腆地说道："我妈妈在那儿。"

路易顺着小男孩指的方向望过去，一个环卫工人正在认真地打扫街道，而她的左臂衣袖空荡荡的。

一瞬间，路易的鼻子酸了。他想想自己的境况，跟小男孩比起来又算得了什么呢？

至少自己生活在舒适的环境里，至少爸爸妈妈都非常健康。虽然他们离婚了，可是他们对自己的爱从不曾减少。事情已经发生了，逃避现实又有什么用呢？为什么他不能像小男孩一样，用懂事和谅解，为爸爸妈妈撑起一片天呢？

成长中，伤痛在所难免，现实有时比我们想象的更残酷。学会直面现实，做一个坚强、勇敢的男子汉吧！

名人故事

　　霍金是当代著名理论物理学家。他年轻时患上了肌萎缩性侧索硬化症，造成半身不遂，只剩下手指能活动，后来连语言能力都丧失了。即使这样，他依然靠着一台电脑声音合成器，顽强地进行自己的科学事业。在一次采访中，一位记者问霍金："病魔将您永远固定在了轮椅上，您不认为命运让您失去太多吗？"霍金艰难地敲击着键盘，屏幕上缓缓显示出这样一段文字："我的手指能活动，我的大脑能思维，我又有终生追求的理想，我还有爱我的亲人。对了，我还有一颗感恩的心……"

别害怕恐惧

暑假的一天，爸爸带宋晓宇去游乐园玩。

走着走着，两人走到了跳楼机旁。此时，跳楼机正在缓缓上升，上面的大人和孩子都笑得可开心了。宋晓宇抑制不住心中的兴奋，大喊道："我要玩！"

当跳楼机到达最顶端时，上面响起此起彼伏的尖叫声。5秒钟后，宋晓宇昂着脑袋，看着跳楼机飞速直下，他倒吸了一口凉气，瞬间腿都软了。

终于轮到宋晓宇了，他走上台阶，坐在座位上，系好安全带，心脏"扑通扑通"跳个不停。

跳楼机开始上升了，宋晓宇吓得闭紧了双眼。随着跳楼机越升越高，宋晓宇的心都快跳到了嗓子眼。特别是在最高点停留的那几秒，好像几个小时那么漫长，宋晓宇紧张得都快忘了呼吸。

只听"嗖"的一声，跳楼机急速下降，空中传来宋晓宇歇斯底里的尖叫声。

5秒钟后，他再次回到了地面，这才发现，跳楼机并没有想象中的那么恐怖嘛！接下来几次上升下降，他玩得可开心了。

如此看来，宋晓宇害怕的不是跳楼机，而是他自己心里那个恐惧的恶魔啊！当他勇敢尝试，打败了内心的恐惧，原本看起来很可怕的事，就没那么可怕了。

情商小讲堂

战胜恐惧后，我们一定会有所收获。哪怕克服的是小小的恐惧，也会增强我们的信心。如果一味地想着避开恐惧，它们会像疯狗一样对我们穷追不舍，最后我们只会被恐惧吞噬。

生活中，我们也会遭遇很多很可怕的事，可是它们也许只是看起来很可怕。只要我们战胜内心的恐惧，直接面对和挑战使我们害怕的东西，它们就会变得不堪一击。

你会说"不"吗？

"许奕博，把你的数学作业借我看一下，我有几道题不会做。"

早上，一来到教室，马东东就找到许奕博，找他借作业。

许奕博一听，皱着眉头，一脸严肃地说："不借！老师说了不能抄作业。"

"我不抄，我就参考一下！"马东东笑嘻嘻地说。

"不行！"许奕博依然很坚定地回答道，"那和抄没什么区别，我不能借给你。"

马东东借作业不成，反倒碰了一鼻子灰，他嘟哝了一句"小气鬼"，然后悻悻地离开了。

许奕博觉得委屈极了，原本抄作业就是不对的，自己这么做明明是为了马东东好，可为什么他说自己小气呢？

许奕博的想法是对的，抄作业确实不对，必须说"不"。不过，说"不"也要讲方法。如果拒绝得太生硬、太不给对方留情面，即使你是为了对方好，对方也不但不会领情，还会心生怨恨哟！

你会说"不"吗?

朱琳琳:拒绝应该说得委婉一点,别说得那么直接,在说"不"之前,加一句抱歉的话,听着让人更舒心哟!

路易:必要时,可以解释一下自己说"不"的理由,让对方谅解。理由一定要是真实的,有道理的,千万别找借口,这样只会让对方更反感。

田老师:说"不"也要留余地,不要全部拒绝,可以变个思路帮对方。比如,不能借作业给对方,就对对方说:"虽然我不能借你作业,但是我可以教你做这些题,你看行吗?"

万事做好准备

明天，宋晓宇一家要去露营，可是现在都晚上十点了，宋晓宇还在玩游戏。妈妈催了好几次，他才依依不舍地离开电脑，上床去睡觉。

"宋晓宇，起床了！再过十分钟，我们要出发了。"

第二天，当妈妈喊到第三次，宋晓宇终于挣扎着从床上爬起来，一看时间，都快八点了。他赶紧从床上跳起来，慌慌张张地收拾起来。紧赶慢赶，他总算是在爸爸的汽车出发前，跳上了车。

到了露营地，爸爸妈妈开始忙着搭建帐篷，宋晓宇也整理起自己的东西来。不一会儿，只听见宋晓宇发出一声声尖叫：

"哎呀！我忘记拿眼罩了。"

"糟了，我的睡袋没拿。"

"咦？我明明记得把耳机放进书包了呀！"

太多东西没拿齐，他只好向爸爸妈妈求助。

可是，爸爸却"无情"地拒绝了他，并严肃地说道："让你昨天就做好准备，你偏不听。这次就当给你一个教训吧！"

到了晚上，宋晓宇看着爸爸妈妈舒适地躺在睡袋里，自己却在外面喂蚊子，他后悔不已，心想：看来以后做什么事，都得提前做好准备啊！

是啊！无论在生活中，还是学习上，我们都不要打无准备的仗。凡事只有做好了充分的准备，才能确保顺利地进行，才能万无一失地到达成功的终点。

● 这些时候，我们要做好准备

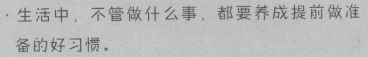

· 生活中，不管做什么事，都要养成提前做准备的好习惯。

· 考试前，我们要复习好，保持良好的状态，备好文具。

· 面对挑战时，我们要做好迎接挑战的准备，更要做好有可能会失败的准备。

169

突破自我，挖掘潜力

操场上，正在进行男子100米短跑比赛。

"各就各位，预备，跑！"裁判员一声令下，运动员们像离弦的箭一样，飞奔出去。

位列第二道的宋晓宇一马当先，冲到了最前面。不料，跑到中间位置时，第一道的选手突然提速，超过了宋晓宇。

眼看着那位选手就要冲破终点线，宋晓宇咬紧牙关，闭紧双眼，一鼓作气，使出浑身力气，朝终点线冲去……

仅仅只差0.1秒，宋晓宇率先踏过终点线，赢得了比赛的胜利。当裁判报出他的成绩时，他更是不敢相信自己的耳朵，因为在这之前，他从没跑出过这样的成绩。

可见，宋晓宇的身体里潜藏着巨大的潜能，当他用尽全身力气去争取、去拼搏时，这种潜能就迸发出来，助他收获胜利。

不仅在运动中，在学习上，我们也具有巨大的潜能。我们如果能意识到自己的潜能，并不断寻求自我突破，就能在成长路上收获更出色的自己。

趣味一角

科学家表示，人的大脑具有巨大的潜能。著名心理学家奥拓曾经说过，一个人发挥出来的能力，只占他全部能力的4%。也就是说，人类还有96%的能力没有发挥出来。一个人如果能够发挥一半的大脑潜能，就可以学会四十几种语言，能背涌整本《百科全书》，能拿十几个博士学位呢！

171

开阔眼界，提升自己

真奇怪！晨读课上，一向视英语为仇敌的宋晓宇居然在认真读英语。

"真是太阳打西边出来了，宋晓宇也会主动学英语。"一旁的马东东打趣道。

可是，宋晓宇不理会他，依然大声朗读着英语课本，虽然还是有些磕磕绊绊，但比起一个星期前，已经进步很多了。

那么，这一个星期究竟发生了什么事？宋晓宇为什么突然变化这么大呢？

原来啊，一个星期前，他参加了一次

英语角活动。在这次活动中，他认识了几个外国小朋友，有的来自韩国，有的来自马来西亚，有的来自加拿大……他们虽然来自不同的国家，可是都能用英语流利地交流。

眼看着他们在一起愉快地聊天，分享着各自国家的特色和趣闻，宋晓宇却一个字也听不懂，他沮丧极了。于是，回到家后，他暗暗发誓：一定要好好学英语，将来有一天，自己也能用流利的英语和别的国家的小朋友畅谈。

世界很大，有太多的未知和新奇值得我们去探索。开阔自己的眼界，去认识和了解那些我们不曾踏入的新世界，丰富自己的内心世界，从而变身成为一个有内涵的男孩。

如何开阔眼界？

★ 阅读群书。书籍是我们了解世界的窗口。

★ 走出去。利用假期多出去走走，开阔自己的视野。

★ 多交朋友。三人行必有我师，每个朋友都能教给我们不同的东西。

男孩，请手握梦想！

以前，每次田老师问同学们，你的梦想是什么？宋晓宇都答不上来，也不明白人为什么一定要有梦想。

可是现在不同了，自从参加了英语角，他拥有了人生中的第一个梦想——成为一个旅行家，走遍全世界，和世界各地的人交朋友。

宋晓宇明白，想要实现这个梦想并不容易。首先，他得学好英语，打破交流障碍，不然寸步难行。所以，为了实现梦想，宋晓宇终于捧起了最让他头疼的英语书。

瞧！现在的他，每天充满活力和干劲，不仅仅是英语课，就连其他课程，他也认真对待起来。当他真正投入到学习中去时，

才惊喜地发现：原来学习并没有想象中那么枯燥、那么难嘛！

更重要的是，通过一段时间的努力，他取得了很大的进步，他这才发现：原来我也挺聪明的嘛！以前成绩不好，还以为自己很笨呢！

拥有梦想，人生就有了前进的动力和方向，它使我们更加自信，使我们浑身充满力量，使我们看到一个更加厉害的自己。

抓助梦想的翅膀

- 对于一个有理想的人来说，没有一个地方是荒凉偏僻的。在任何逆境中，他都能实现和丰富自己。

  ——丁玲

- 一个有追求的人，可以把"梦"做得高些。虽然开始时是梦想，但只要不停地做，不轻易放弃，梦想能成真。

  ——虞有澄

- 一个人要实现自己的梦想，最重要的是要具备以下两个条件：勇气和行动。

  ——俞敏洪

优秀男孩 的 情商 秘籍 How to Manage Your Emotions

图书在版编目（CIP）数据

优秀男孩的情商秘籍：做个完美的男子汉 / 彭凡编
著 . —北京：化学工业出版社，2016.10（2025.5重印）
（男孩百科）
ISBN 978-7-122-28090-9

Ⅰ.①优…　Ⅱ.①彭…　Ⅲ.①男性-情商-能力培
养-青少年读物　Ⅳ.①B842.6-49

中国版本图书馆CIP数据核字（2016）第219717号

责任编辑：马鹏伟　丁尚林　　　　　　　　文字编辑：李　曦
责任校对：程晓彤　　　　　　　　　　　　装帧设计：尹琳琳

出版发行：化学工业出版社（北京市东城区青年湖南街13号　邮政编码100011）
印　　　装：天津市银博印刷集团有限公司
710mm×1000mm　1/16　印张11　2025年5月北京第1版第17次印刷

购书咨询：010-64518888　　　　　　　　　售后服务：010-64518899
网　　　址：http://www.cip.com.cn
凡购买本书，如有缺损质量问题，本社销售中心负责调换。

定　　价：25.00元